湖南省教育科学规划课题研究成果(项目编号：ZJC2012061)

计算机应用基础上机指导与练习

主　编　汤艳慧
副主编　唐晓平　杨　偲　曾志国
　　　　蔡建华　杨　欣　徐明亮
参　编　石新生　罗方荣　朱国辉
主　审　乔立新

前　言

为了落实“十二五”规划对职业教育的要求，体现以“服务为宗旨、就业为导向、能力为本位”的职业教育理念，笔者经过多年的计算机应用基础教学以及对中职计算机应用专业教学的研究，参考和分析了兄弟院校编写的一系列《计算机应用》及《计算机应用基础》的教材，并结合湖南省教育厅组织的信息化考证的需要，编写了这本《计算机应用基础上机指导与练习》，供中职学校学生学习《计算机应用基础》和技能抽查时使用。

《计算机应用基础上机指导与练习》总课时量为160课时，各学校也可以根据实际情况适当调整。在编写过程中，本教材贯彻了以教师为主导，学生为主体，以培养学生操作技能和探索创新精神为目标的职教理念。按照机房教学模式，采用任务驱动方式组织内容，每课时基本上都包含有上机目标、知识预备、上机内容、问题思考、收获体会等基本环节，并设计有上机时间、地点及指导教师的登记。上机时学生应带好笔，填好上机登记，做好上机笔记，及时完成上机内容中的习题；课后完成“问题思考”中的习题并填写好“收获体会”。

由于计算机技术的飞速发展，知识体系不断推陈出新，各出版社教材改版较快，编者在编写过程中，紧扣计算机基础知识、操作系统、办公软件和Internet等技能操作的精华骨架，以夯实共同基础点、共同关键点为宗旨。本书后，编写有湖南省中等职业学校计算机应用能力考试模拟试题，供学生在学习过程中参考。

本教材由湖南省新邵县职业中专汤艳慧主编，参与编写的还有新邵县职业中专唐晓平、杨偲、曾志国、石新生、罗方荣、朱国辉，益阳市综合职业中专蔡建华、杨欣、徐明亮等。由于时间仓促，经验有限，不足之处在所难免，恳请广大师生提出修改意见，使之日臻完善。

联系邮箱:6479908@qq.com

编　者

2015年6月

目 录

第一章　计算机基础知识

上机实习 1－1　计算机系统的组成

上机时间：____ 年__ 月__ 日　　第____ 节　上机地点：________ 指导教师：________

上机目标

1. 掌握计算机硬件系统的组成；
2. 了解计算机各部件的功能；
3. 了解机箱内主板的构成。

上机内容

一、认识微型计算机的组成

图 1－1 所示是一套基本的微型计算机系统，按表 1－1 中描述的作用填写对应部件的名称。

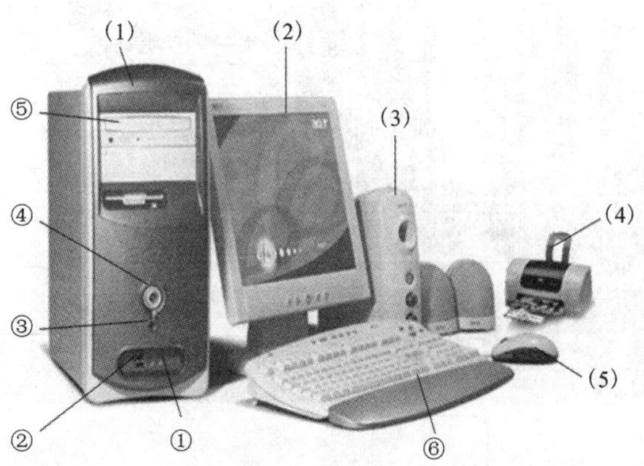

图 1－1　微型计算机系统的组成部件

表 1－1　组成微型计算机系统的部件名称和作用

序号	名　称	作　　用
(1)		主机外壳，用于固定主机的各个部件，并对其保护
(2)		通过文字或图形方式输出计算机产生的结果

续表 1－1

序号	名　称	作　　用
(3)		通过声音输出计算机处理的结果
(4)		向纸上输出计算机处理的结果
(5)		用以进行光标定位和某些特定输入
①		这个部位的一个插孔输出声音，另一个插孔输入声音
②		该插孔既可以输出数据，又可输入数据
③		按该按钮可以重新启动计算机
④		按该按钮可以启动计算机
⑤		打开该处托盘放入光盘
⑥		向计算机输入信息，用于人机对话

二、认识主板

观察主机箱中各部件，找到主板，研究主板上各部件，将各部件名称写在图 1－2 中空白标注框内。

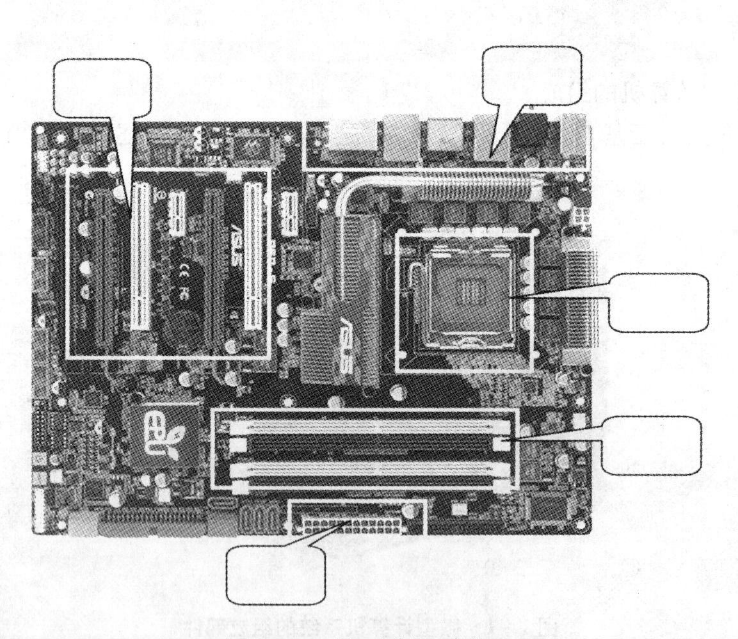

图 1－2　认识主板系统单元

问题思考

1. 请写出计算机硬件系统的组成。

2. 请说一说正确的开机和关机步骤。

收获体会

请写出本次上机实习的收获与体会。

上机实习 1-2　键盘与鼠标的基本操作

上机时间：____ 年__ 月__ 日　　第____ 节　上机地点：________　指导教师：________

上机目标

1. 掌握键盘的分区及特殊键的用法；
2. 掌握鼠标的基本操作方法。

上机内容

一、键盘

键盘是计算机中最重要的输入设备。键盘按功能分为：________、________、________和________ 四个区。

1. 主键盘区

请根据功能写出各键的名称。

Caps Lock ________：锁定后，键盘右上角的 Caps Lock 灯亮，表示输入的全是大写字母，再次单击灯灭，输入的全部是小写字母。

Space ________：键盘下端长条按键，单击产生一个空格，光标右移一格。

Shift ________：上档字符输入及大小写字母转换。

Enter ________：确认，执行命令，换行。

Tab ________：制表定位，快速移动光标。

2. 编辑控制键区

编辑控制键区的键是起编辑控制作用的，有文字的插入键（Ins），删除键（Del），起始键（Home），结束键（End），上下翻页键（PgUp，PgDn），上下左右四个方向键。

3. 功能键区

请在图 1-3 中写出 26 个字母的布局。

4. 小键盘区

为方便集中输入数据而设置的。在最左上角有一个 Num Lock（数字锁定）键，单击，键盘上的 Num Lock 指示灯亮，表示数字输入，再次单击灯灭，数字键区转化为功能键。

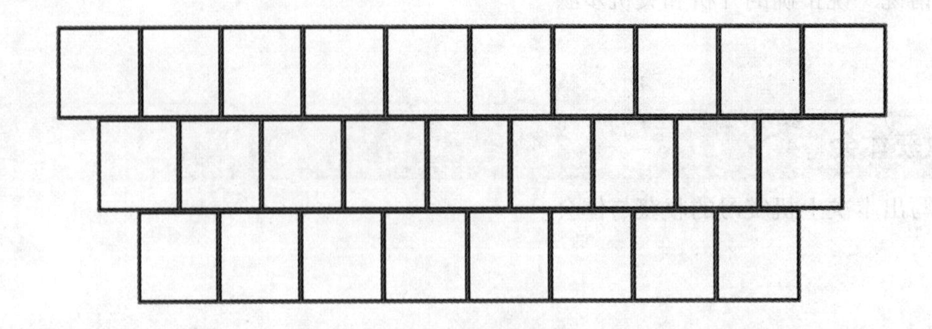

图 1-3 键盘上 26 个字母的布局

二、鼠标

1. 鼠标的构成

请在图 1-4 中填写鼠标的各组成部分。

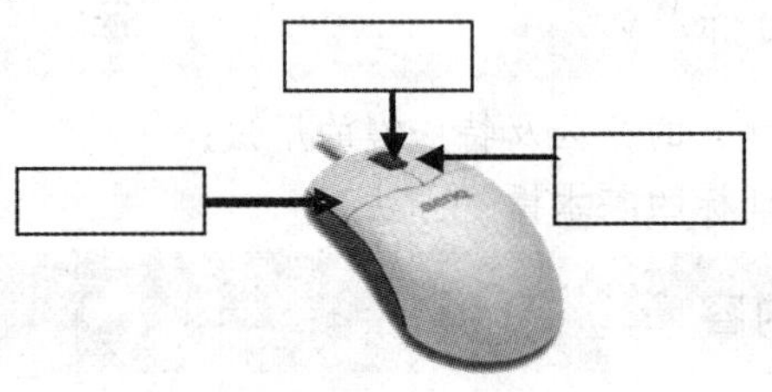

图 1-4 鼠标

2. 鼠标的握法

鼠标的握法如图 1-5 所示。

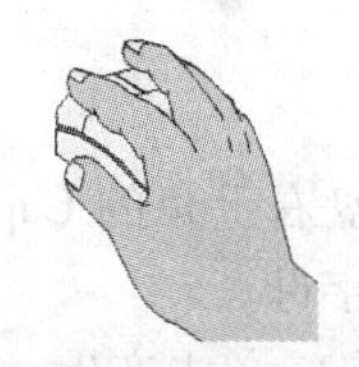

图 1-5 鼠标的握法

3. 写出鼠标的几种基本操作方法。

单击：________________

右击：________________

双击：________________

指向：________________

拖动：________________

问题思考

1. 根据键数的多少，我们现在所用的键盘一般有______个键。

2. Backspace 与 Delete 键有何不同？

收获体会

请写出本次上机实习的收获与体会。

上机实习 1－3　英文指法训练

上机时间：____ 年__ 月__ 日　　第____ 节　上机地点：________ 指导教师：________

上机目标

1. 熟悉基本指法和键位；
2. 熟悉打字的基本要领；
3. 掌握打字的正确姿势。

上机内容

一、键盘操作指法

1. 八个基本键：____。

2. 手指分工

手指分工如图 1－6 所示。

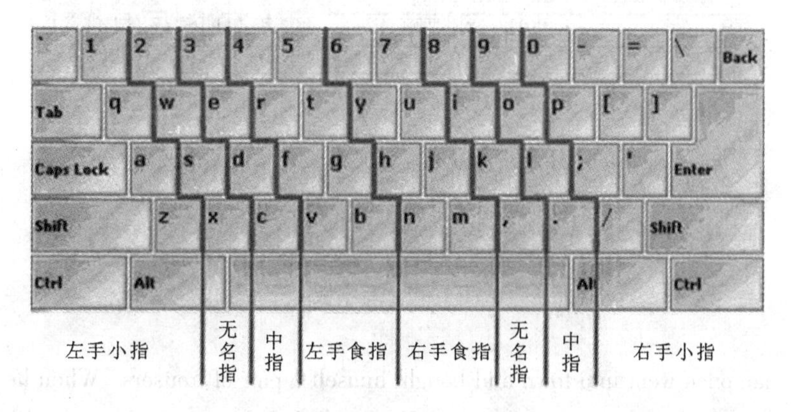

图 1－6　手指分工

二、正确的坐姿

1. 打字开始前一定要端正坐姿，如果姿势不正确，不但会影响打字速度，还容易导致身体疲劳，时间长了还会对身体造成伤害。坐姿要求是：两脚平放，腰部挺直，两臂下垂，两肘贴于腋边。

2. 身体可略倾斜，离键盘的距离为 20 ~ 30 厘米。

3. 打字教材或文稿放在键盘的左边，或用专用夹固定在显示器旁边。

4．打字时眼观文稿，身体不要跟着倾斜。

5．注意休息，速记工作者的训练和工作要注意休息，防止因过度疲劳导致对身体和眼睛的伤害。

三、打字的基本要领

1.“ASDF JKL;”八个基本键位，除两个拇指外的八个手指总是对准这八个基本键位；

2.每个手指都有它的管辖范围，击打后立即回到基本键位，逐渐练出节奏感；

3.左右拇指负责击打空格键，左手击键时，由右手拇指击打空格键，右手击键时，由左手拇指击打空格键；

4.剪短指甲，坐姿端正；

5．眼睛一定不看键盘，只看稿件。

四、文字录入

1.指法练习

初学打字，掌握适当的练习方法，对于提高自己的打字速度，成为一名打字高手是非常必要的。一定把手指按照分工放在正确的键位上，有意识地慢慢记忆键盘字符的位置，体会不同键位上字键被敲击时手指的感觉，逐步养成不看键盘输入的习惯。

进行打字练习时必须精力充沛，做到手、脑、眼协调一致，尽量避免边看原稿边看键盘，这样容易分散记忆力，初级阶段的练习即使速度很慢，也一定要保证输入的准确。

2.登录 Windows 操作系统，打开“写字板”或“记事本”。将下列内容输入到写字板中。

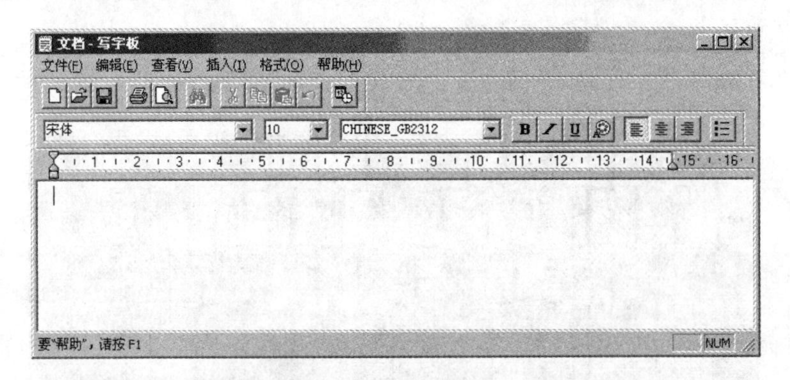

图 1－7 写字板

A young man once went into town and bought himself a pair of trousers. When he got home, he went upstairs to his bedroom and put them on. He found that they were about two inches too long.

He went downstairs to the kitchen. His mother and two sisters were washing up the tea－things there. “The new trousers are too long,” he said. “They need shortening by about two inches. Could one of you do it for me, please?” His mother and sisters were busy and none of them said anything.

上机实习1-4　中文输入法的使用

上机时间：____年__月__日　　第____节　上机地点：________　指导教师：________

上机目标

1. 掌握汉字输入法的操作；
2. 掌握搜狗输入法的使用。

上机内容

一、汉字输入法

Windows XP 中安装了多种中文输入方法，用户在操作过程中可以利用键盘或鼠标随时调用任意一种中文输入法进行中文输入，并可以在不同的输入法之间切换。

1. 利用键盘切换输入法

使用组合键 Ctrl + Space，用户可以启动或关闭中文输入法；使用组合键 Alt + Shift 或 Ctrl + Sift，用户可以在英文及各种中文输入法之间切换。

2. 利用鼠标切换输入法

单击任务栏中的输入法指示器，屏幕上会弹出“选择输入法”菜单。在“选择输入法”菜单中列出了当前系统已安装的所有中文输入法。选择某种要使用的中文输入法，即可切换到该中文输入法状态下。任务栏上输入法指示器的图标将随输入法的不同而发生相应的变化。

二、搜狗拼音输入法

1. 搜狗拼音输入法使用技巧

(1)使用“英文 + 回车”的方式可以快速输入英文，无需切换到英文输入状态。使用“逗号”“句号”来进行翻页：逗号→翻上页；句号→翻下页。经常使用“简拼 + 全拼”的混合输入法可大大减少击键次数，提高打字速率。

(2)切换输入法

Ctrl + Shift = 轮流切换输入法

Ctrl + 空格 = 关闭/打开输入法

Shift = 中/英文切换输入法

(3)网址输入模式

不用切换输入法，直接输网址，然后按空格键即可。

注：只输入“www”不能显示网址格式，要再输入一个“.”就显示网址格式了。

(4)词语联想功能

对于经常打的长词，只需要输入一个长词的前4个音节的首字母，可在第2、3的位置看到这个长词。如输入“zhrm”就会出现“中华人民共和国”。

(5)英文的输入

输入法默认是按下“Shift”键就切换到英文输入状态，再按一下“Shift”键就会返回中文状态。用鼠标点击状态栏上面的中字图标也可以切换。

除了“Shift”键切换以外，搜狗输入法也支持回车输入英文和V模式输入英文。在输入较短的英文时使用能省去切换到英文状态下的麻烦。具体使用方法如下：

①回车输入英文：输入英文，直接敲回车即可。

②V模式输入英文：先输入“V”，然后再输入你要输入的英文，可以包含“@ + * / -”等符号，然后敲空格即可。

(6)手写输入

①打开“搜狗”输入法；

②在键盘上按下“u”字，打开“手写输入”对话框；

③输入汉字。

2. 搜狗输入法练习。

在写字板中录入下列内容。

电子商务服务业将成为中国服务贸易新的经济增长点。目前，中国正处于电子商务服务业的形成期，预计未来20年，电子商务服务业将成为中国服务贸易中新的经济增长点，并加速国际贸易服务领域的变革，这也是全球贸易服务领域变革的必然趋势。

电子商务行业人才成为市场急需。电子商务服务方式的出现，突破了传统贸易以单向物流为动作格局，实现了以物流为基础，信息为核心，商流为主体的全新战略。然而电子商务发展的速度已经远远地超过人才的供应量，如何解决这一供需矛盾，是一个急需解决的问题。

收获体会

请写出本次上机实习的收获与体会。

上机实习1-5 五笔字型基础知识

上机时间：____年__月__日 第____节 上机地点：________ 指导教师：________

上机目标

1. 熟悉汉字编码的含义；

2. 掌握汉字的三个层次、五种笔画。

知识预备

一、汉字的三个层次

《五笔字型》方案认为，汉字可以分三个层次：笔画、字根、单字。

1. 笔画

在书写汉字时，不间断地一次连续写成的一个线条，叫做汉字的笔画。

2. 字根

汉字的笔画分为横、竖、撇、捺、折五种。

字根由若干笔画交叉连接而形成的相对不变的结构。五笔字型方案中规定了一百三十个基本字根。字根表如图 1－8 所示，请熟记。

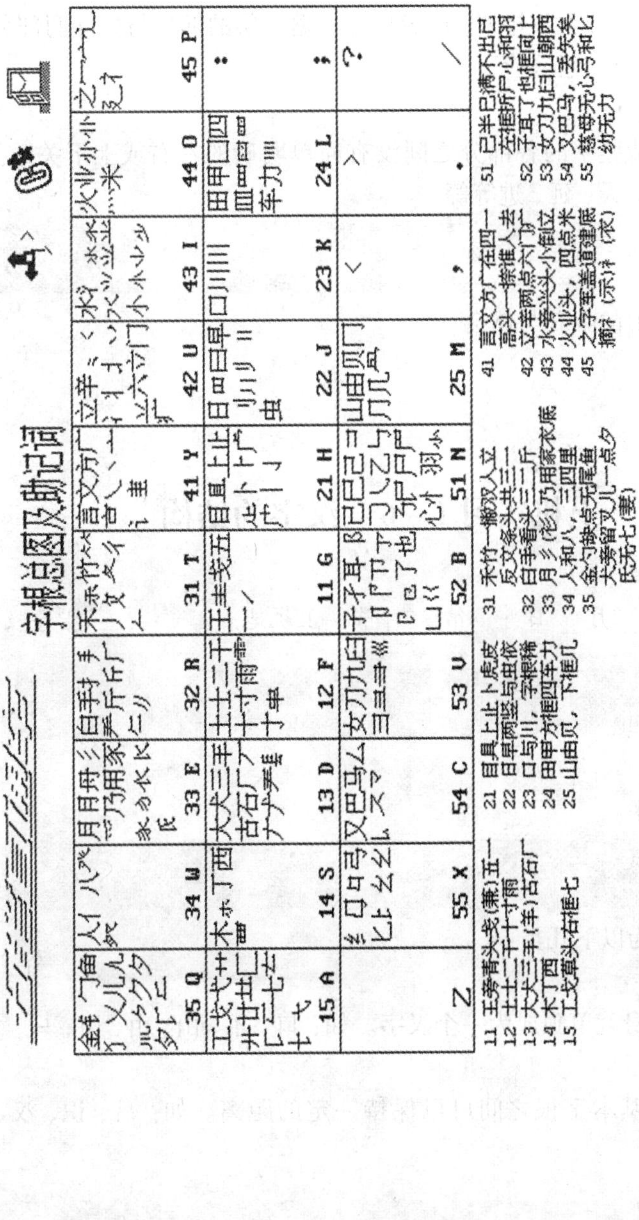

字根总图及助记词

11 王旁青头戋(兼)五一
12 土士二干十寸雨
13 大犬三手(羊)古石厂
14 木丁西
15 工戈草头右框七

21 目具上止卜虎皮
22 日早两竖与虫依
23 口与川，字根稀
24 田甲方框四车力
25 山由贝，下框几

31 禾竹一撇双人立
反文条头共三一
32 白手看头三二斤
33 月彡(衫)乃用家衣底
34 人和八，三四里
35 金勺缺点无尾鱼
犬旁留叉儿一点夕
氏无七(妻)

41 言文方广在四一
高头一捺谁人去
42 立辛两点六门疒
43 水旁兴头小倒立
44 火业头，四点米
45 之字军盖道建底
摘礻(示)衤(衣)

51 已半巳满不出己
左框折尸心和羽
52 子耳了也框向上
53 女刀九臼山朝西
54 又巴马，丢矢矣
55 慈母无心弓和匕
幼无力

图1-8 字根表

3. 汉字

将字根按一定的位置关系拼合起来，就构成了汉字。字根是构成汉字的最重要、最基本的单位，字根是汉字的灵魂。

二、汉字的三种字型

根据构成汉字的各字根之间的位置关系，可以把成千上万的方块汉字分为三种类型：左右型、上下型、杂合型。

1. 左右型汉字

(1)在双合字中，两个部分分列左右，其间有一定的距离。如：肚、胡、理、极等等。

(2)在三合字中，整字的三个部分从左至右并拢；或者单独占据一边的部分与另外两个部分是左右排列。如：侧、别、谈、汀、树等等。

2. 上下型汉字

(1)双合字中，两个部分分列上下，其间有一定距离。如：字、节、晋等等。

(2)三合字中，三个部分上下排列；或者单独占据一层的部分与另外两部分作上下排列。如：意、想、花、型、碧、英、室等等。

3. 杂合型汉字

杂合型汉字是指组成整字的各部分之间没有简单明确的左右或上下关系。如：团、国、司、式、这、头、斗、自、天、延、进等等。

收获体会

请写出本次上机实习的收获与体会。

上机实习1-6　汉字的结构

上机时间：____年__月__日　第____节　上机地点：________　指导教师：________

上机目标

1. 掌握汉字的结构；
2. 能拆分简单的汉字。

知识预备

汉字的结构基本分为以下几类：

1. 单

“单”指基本字根本身就单独成为一个汉字。如：口、木、山、由、田、马、寸、士、十等。

2. 散

“散”指构成汉字的基本字根之间可以保持一定的距离。如：吕、识、汉、照、认、真、想等。

3. 连

“连”指一个单笔画与基本字根相连。如：自、千、太、术、丈等等。其中单笔可连前也可连后。注意，这种情况下的字根与单笔之间，不能当做散的关系。

连的另一种情况是所谓“带点结构”。

例如：术、太、主等字中的点，近也可，稍远也可，连也可，不连也可，为了使问题简化，我们规定，一个点在基本字根附近一律视作是与基本字根相连的。

4. 交

“交”是指几个基本字根交叉套叠之后构成的汉字。如：农是由“冖、㐄”，“申”是由“曰、丨”，“里”是由“曰、土”，“夷”是由“一、弓、人”交叉构成的。

归纳它们的规律为：

①基本字根单独成字，有其专门的取码规定，因而不需要判断字型。

②属于“散”的汉字，才可以分为左右、上下型。

③属于“连”与“交”的汉字，一律属于杂合型。

④不分左右、上下的汉字，一律属于杂合型。

注意：拆分汉字应当保证每次拆出最大的基本字根，在拆出字根数目相同时，字根间关系以“散”比“连”优先，“连”比“交”优先。(即：散→连→交)

问题思考

1. 拆分下列汉字的字根：

相：__________ 处：__________ 引：__________ 肯：__________ 曙：__________

暮：__________ 临：__________ 象：__________ 中：__________ 喊：__________

训：__________ 带：__________ 雷：__________ 闸：__________ 曼：__________

舞：__________ 禹：__________ 见：__________ 典：__________ 骨：__________

2. 思考汉字“凹”和“凸”的字根构成。

3. “力”这个字根放在“L”键上是基于什么原因考虑的？

4. 看看字根在各键位上的分布特征，能给你带来什么发现？

(1)字根表上每个键的左上角均有一个成字字根即为键名；

(2)部分字根首笔画与所在的区号一致，次笔画与所在的位号一致；

(3)部分字根笔画数与位号数一致；

(4)相似的字根放在一起(形状、读音)。

上机内容

运用“五笔直通车”练习五笔字型的输入。

收获体会

请写出本次上机实习的收获与体会。

上机实习 1－7 汉字的拆分原则

上机时间：____年__月__日 第____节 上机地点：________ 指导教师：________

上机目标

1. 熟记各键上的字根；
2. 掌握汉字的拆分原则。

知识预备

汉字的拆分原则

1. 按书写顺序

拆分“合体字”时，一定要按照正确的书写顺序进行。

例如：“新”只能拆成“立、木、斤”，“夷”只能拆成“一、弓、人”。

2. 取大优先

例如：“果”只能拆成“日、木”而不能拆成“日、一、小”。

3. 兼顾直观

在拆分汉字时，为了照顾汉字码元的完整性，有时不得不暂且牺牲一下“书写顺序”和“取大优先”的原则，形成个别例外的情况。

例如：国只能拆成“囗、王、丶”；自只能拆成“丿、目”。

4. 能散不连

如果一个单字结构可以视为几个基本字根散的关系，就不要认为是连的关系。如：“午”只能拆成“𠂉、十”。

笔画和字根之间，字根与字根之间的关系，可以分为“散”“连”和“交”三种关系。例如：倡：三个字根之间是“散”的关系；自：首笔“丿”与“目”之间是“连”的关系；夷：“一”“弓”与“人”是“交”的关系。字根之间的关系，决定了汉字的字型(上下、左右、杂合)。

5. 能连不交

例如：于可拆成一十(二者是相连的)、二丨(二者是相交的)；丑可拆成乙土(二者是相连的)、刀二(二者是相交的)。当一个字既可拆成相连的几个部分，也可拆成相交的几个部分时，我们认为“相连”的拆法是正确的。因为一般来说，“连”比“交”更为“直观”。

拆分中还应注意，单笔画字根为拆分的最小单位，不能将其分割用在两个字根中。如：果、里等字。

为了方便记忆，将上述汉字拆分为字根的基本原则归纳为如下口诀：

取大优先　兼顾直观
能散不连　能连不交

问题思考

1. 拆分下列汉字的字根：

吕：________ 足：________ 困：________ 树：________ 笔：________

训：________ 计：________ 照：________ 生：________ 不：________

产：________ 及：________ 尺：________ 勺：________ 术：________

太：________ 头：________ 必：________ 专：________ 申：________

2. 拆分下列汉字的字根：

积：________ 季：________ 条：________ 赣：________ 碧：________

凰：________ 朱：________ 物：________ 肢：________ 县：________

珍：________ 良：________ 输：________ 夷：________ 雁：________

段：________ 鋈：________ 构：________ 跑：________ 印：________

上机内容

运用“五笔直通车”练习五笔字型的输入。

收获体会

请写出本次上机实习的收获与体会。

上机实习1－8　键面字的编码

上机时间：____年__月__日　第___节　上机地点：________　指导教师：________

上机目标

1. 熟记各键上的字根；
2. 掌握单笔画、键名字及成字字根的编码方法。

知识预备

在五笔字型中汉字可以分为：

1. 键面字

字根表中有且能单独使用的汉字。包括单笔画、键名字和成字字根。

2. 键外字

字根表中没有的汉字。

上机内容

一、单笔画的编码

单笔画的编码方法：连击两次该笔画所在键+“LL”。例如：

一：GGLL　　丨：HHLL　　丿：TTLL

丶：YYLL　　乙：NNLL

二、键名字的编码

1. 键名字：每个键上的第一个字根。（共25个，其中24个能单独使用）

第一区键名：王土大木工

第二区键名：目日口田山

第三区键名：禾白月人金

第四区键名：言立水火之

第五区键名：已子女又纟

2. 编码方法：将键名字所在的键连击四下。例如：

王：GGGG　　土：FFFF　　大：DDDD

木：SSSS　　工：AAAA

3. 写出下列汉字编码：

目：________ 日：________ 口：________ 田：________ 山：________

禾：________ 白：________ 月：________ 人：________ 金：________

言：________ 立：________ 水：________ 火：________ 之：________

已：________ 子：________ 女：________ 又：________ 纟：________

三、成字字根的编码

1. 成字字根：字根表除单笔画和键名字以外能单独使用的汉字。

2. 编码方法：报户口+首笔画+次笔画+末笔画（不足四码补空格）。例如：

二：FGG 空格　　厂：DGT 空格　　十：FGH 空格

九：VTN 空格　　刀：VNT 空格　　力：LTN 空格

3. 写出下列汉字编码：

三：____________ 干：____________ 小：____________

巴：____________ 西：____________ 用：____________

由：____________ 五：____________ 早：____________

四、上机练习

运用“五笔直通车”练习五笔字型的输入。

收获体会

请写出本次上机实习的收获与体会。

上机实习 1－9　键外字的编码

上机时间：____年__月__日　　第____节　上机地点：________ 指导教师：________

上机目标

1. 熟记各键上的字根；
2. 掌握键外字的编码方法；
3. 掌握识别码的判定。

知识预备

对末笔的几个特殊规定。

1.“我”“戋”“成”等字，按从上到下的原则，一律以“撇”为其末笔。

2. 所有包围型汉字（必是杂合型）中的末笔，规定取被包围那一部分笔画的末笔。如：“国”取“丶”“团”取“丿”。

3. 对于“进、延、连、这、迁”等带“廴、辶”的字（必是杂合型），它们的末笔规定为被包围部分的末笔。

4. 对于字根“刀、九、力、匕”，为了保持一致和照顾直观，凡是需这四个字根作为末笔，而又要进行识别时，一律取“折”来识别。

上机内容

一、多字根汉字

1. 多字根汉字由 4 个或 4 个以上字根组成的汉字。

编码规则是：取一、二、三、末字根码。例如：

编：纟　丶　尸　冂　廾　　XYNA

重：丿　一　日　土　　TGJF

塞：宀　二　刂　一　八　土　　PFJF

2. 写出下列字的编码：

型：__________ 键：__________ 寨：__________ 凹：__________

凸：__________ 属：__________ 尴：__________ 尬：__________

二、末笔字型识别码

所谓的“末笔字型识别码”就是把一个汉字的最后一个笔画作为区码，把汉字的字型码作为位码，组成“末笔字型识别码”作为区别简单汉字时信息的补充，以避免重码字的产生。

识别码（末笔字型识别码）：由以末笔代号为十位（区号），以字型代号为个位（位号），组成一个区位号。如表 1－1 所示。

表1-1 末笔字型识别码

笔画＼字型	左右型(1)	上下型(2)	杂合型(3)
横(1)	11G	12F	13D
竖(2)	21H	22J	23K
撇(3)	31T	32R	33E
捺(4)	41Y	42U	43I
折(5)	51N	52B	53V

1. 两字根汉字的编码

(1) 规则：取一、二字根码 + 末笔字型识别码 + 空格。例如：

	末笔字型	区位号	编码
只：	口　八	4　2	KWU 空格
叭：	口　八	4　1	KWY 空格

(2)写出下列字的编码：

中：______________ 汉：______________ 字：______________

汀：______________ 洒：______________ 沐：______________

2. 三字根汉字的编码

(1)规则：取一、二、三字根码 + 末笔字型识别码。例如：

	末笔字型	区位号	编码
湘：	氵　木　目	1　1	ISHG
夷：	一　弓　人	4　3	GXWI
会：	人　二　厶	4　2	WFCU

(2)写出下列字的编码：

新：______________ 邵：______________ 县：______________

图：______________ 形：______________ 延：______________

更：______________ 破：______________ 你：______________

三、上机练习

运用“五笔直通车”练习五笔字型的输入。

收获体会

请写出本次上机实习的收获与体会。

上机实习1-10　词组的输入

上机时间：____年__月__日　第____节　上机地点：________　指导教师：________

上机目标

1. 掌握词组的编码规则；
2. 学会使用词组快速录入汉字。

上机内容

一、双字词组的取码方式

1. 编码规则：取每字的前两字根。例如：

社会：PYEF　工作：AAWT　祖国：PYLG

2. 写出下列汉字编码：

前途：________ 得到：________ 爱好：________

工人：________ 自己：________ 女儿：________

二、三字词组的取码方式

1. 编码规则：取前两字首字根+第三字的前两字根。例如：

委员会：TKWF　计算机：YTSM

2. 写出下列汉字编码：

进一步：________ 共产党：________ 上海市：________ 共和国：________

三、四字词组的取码方式

1. 编码规则：取每字的首字根。例如：

艰苦奋斗：CADU　新陈代谢：UBWY

2. 写出下列汉字编码：

科学技术：________ 五笔字型：________ 光明日报：________ 人民日报：________

四、多字词组的取码方式

1. 编码规则：取前三个字的首字根+最后一个字的第一个字根。例如：

中央委员会：KMTW

2. 写出下列汉字编码：

中华人民共和国：________ 中国人民解放军：________

五、上机练习

启动“记事本”，输入下列词组。

星期一　星期二　星期三　星期四　星期五　星期六　星期日

真实性　专业性　政治性　流行性　实用性　机动性　针对性

湖南省　山西省　福建省　海南省　河南省　浙江省　江西省

中国人民银行　中国人民解放军　中国人民大学　中央书记处

一切从实际出发　打破沙锅问到底　搬起石头砸自己的脚

问题思考

写出下列各词的编码

学习：________ 羽毛：________ 特长：________ 生产力：________ 工业部：________

下一代：________ 推陈出新：________ 锲而不舍：________ 循序渐进：________

中国共产党：________ 政治思想工作：________ 一步一个脚印：________

画虎不成反类犬：________

收获体会

请写出本次上机实习的收获与体会。

上机实习1－11 简码的输入

上机时间：____ 年__ 月__ 日 第____ 节 上机地点：________ 指导教师：________

上机目标

1. 熟记一级简码字并掌握其输入方法；
2. 掌握二级简码字的输入方法；
3. 熟悉三级简码字的输入方法。

知识预备

一、一级简码(高频字共25个)

一级简码字如图1－9所示，具体分区如下：

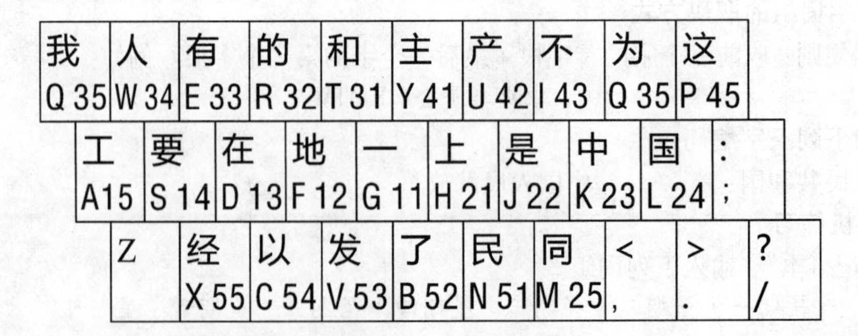

图1－9 一级简码字

一区：一地在要工；
二区：上是中国同；
三区：和的有人我；
四区：主产不为这；
五区：民了发以经。
输入方法：按该汉字对应的键，再按空格即可。

二、二级简码(共588个)

输入方法：取字全码的前2码，再按空格即可。例如：

	全码	二级简码
化：亻七	(WXN)	(WX)
信：亻言	(WYG)	(WY)
李：木子	(SBF)	(SB)
张：弓丿七丶	(XTAY)	(XT)

三、三级简码(4400多个)

输入方法：取字全码的前3码再加一个空格组成。例如：

	全码	二级简码
华：亻七十	(WXFJ)	(WXF)
想：木目心	(SHNU)	(SHN)
陈：阝七小	(BAIY)	(BAI)

四、上机练习

运用“五笔直通车”练习五笔字型的输入。

问题思考

写出下列汉字的编码：

地：________ 在：________ 要：________ 工：________ 化：________ 信：________
李：________ 张：________ 理：________ 于：________ 燕：________ 说：________
庆：________ 煌：________ 绿：________ 社：________ 华：________ 想：________
陈：________ 慧：________

收获体会

请写出本次上机实习的收获与体会。

上机实习 1－12 五笔字型常见非基本字根的拆分

上机时间：____ 年__ 月__ 日 第____ 节 上机地点：________ 指导教师：________

上机目标

1. 上机练习常见非基本字根的拆分方法；
2. 掌握所有汉字的拆分方法。

上机内容

在记事本中输入下列汉字，并保存。

五笔字型常见非基本字根拆法

1. 横起笔类

无:二 儿	𢦏:十 戈	丵:十丷	丏:一卜㇉
[illegible]:一口丨乛	柬:一四小	来:一米	其:艹三
尤:尢乚	甫:一月丨丶	戈:七丿	瓦:一乚丶乚
疌:一彐龰	[illegible]:龶力	击:二山	耒:三小
亚:一业一	再:一冂土	朿:一冂小	革:廿串
万:丆㇆	咸:厂一口乙丿丶	不:一小	臣:一匚丨コ丨
夹:一丷人	夷:一弓人	未:二小	韦:二㇆丨
非:三‖三	求:十㇇丶	事:一口彐丨	严:一业厂
酉:西一	末:一木	考:土丿一㇉	吏:一口乂
東:一口小	平:一丷丨	甘:艹二	成:厂㇆乚丿
东:七乙八	巨:匚コ	戒:戈廾	爽:大乂乂乂乂

2. 竖起笔类

且:月一	丹:冂一	卤:卜口乂	禺:日冂丨一丶
县:月一厶	里:四土	史:口乂	甩:月乚
曲:冂廿	央:冂大	曳:日匕	

3. 撇起笔类

丢:丿土厶　　缶:午止　　舞:午卌一夕匚丨　　牛:丿扌
片:丿丨一𠃌　　瓜:𠂆厶乀　　身:丿冂三丿　　卵:𠂆丶丿卩丶
失:午人　　重:丿一日土　　缶:午山　　我:丿扌乚丿丶
禹:丿口冂丨一丶　　垂:丿一艹土　　制:午冂丨　　秉:丿一彐小
免:⺈口儿　　乌:勹㇉一　　乐:𠂆小　　朱:午小
丘:斤一　　风:几㐅

4. 捺起笔类

离:文凵　　亥:亠𠃋丿人　　州:丶丿丶丨丶丨　　半:丷十
差:丷𡗗　　北:丬匕　　兆:㐅儿　　并:丷廾
酋:丷西一　　雀:冖亻圭　　良:丶彐𧘇　　永:丶𠃌㐅

5. 折起笔类

艮:彐厶　　爿:𠃋丨𠂆　　肃:彐小丨　　隶:彐水
臧:𠂆㇉匚丨丨乚丿丶　　卫:卩一　　出:凵山　　丞:了𠆢一
肀:刀二　　㠯:𠃓又　　予:龴卩　　幽:幺幺山
书:乛乛丨丶

收获体会

请写出本次上机实习的收获与体会。

计算机基础知识练习题

一、单项选择题

1. 通常人们普遍使用的电子计算机是(　　)。
A. 数字电子计算机　　B. 模拟电子计算机
C. 数字模拟混合电子计算机　　D. 以上都不对

2. 世界上第一台电子计算机研制成功的时间是(　　)。
A. 1946 年　　B. 1947 年　　C. 1951 年　　D. 1952 年

3. 计算机中用来表示信息的最小单位是(　　)。
A. 字节　　B. 字长　　C. 位　　D. 双字

4. 20 世纪 50 年代到 60 年代，电子计算机的功能元件主要采用的是(　　)。

A. 电子管　　B. 晶体管
C. 集成电路　　D. 大规模集成电路

5. 在微型计算机中，微处理器的主要功能是(　　)。
A. 算术运算　　B. 逻辑运算
C. 算术逻辑运算　　D. 算术逻辑运算及全机的控制

6. 微型计算机中运算器的主要功能是(　　)。
A. 控制计算机运行　　B. 算术运算和逻辑运算
C. 分析指令并执行　　D. 负责存取存储器中的数据

7. 如果按字长来划分，微型计算机可以分为8位机、16位机、32位机等。所谓32位机是指该计算机所用的CPU(　　)。
A. 同时能处理32位二进制数　　B. 具有32位的寄存器
C. 只能处理32位二进制定点数　　D. 有32个寄存器

8. 通常所说的主机是指(　　)。
A. CPU　　B. CPU和内存
C. CPU、内存与外存　　D. CPU、内存与硬盘

9. 与外存储器相比，内存储器(　　)。
A. 存储量大，处理速度较快　　B. 存储量小，处理速度较快
C. 存储量大，处理速度较慢　　D. 存储量小，处理速度较慢

10. 微处理器的主要任务包括(　　)。
A. 修改指令、取出指令、执行指令　　B. 删除指令、解释指令、取出指令
C. 输出指令、执行指令、删除指令　　D. 取出指令、解释指令、执行指令

11. 完成将计算机外部的信息送入计算机这一任务的设备是(　　)。
A. 输入设备　　B. 输出设备　　C. U盘　　D. 电源线

12. 计算机向使用者传递计算处理结果的设备称为(　　)。
A. 输入设备　　B. 输出设备　　C. 存储器　　D. 微处理器

13. 既是输入设备又是输出设备的是(　　)。
A. U盘　　B. 键盘　　C. 显示器　　D. 鼠标器

14. 计算机的硬件系统包含的五大部件是(　　)。
A. 键盘、鼠标、显示器、打印机、存储器
B. 中央处理器、随机存储器、磁带、输入设备、输出设备
C. 运算器、存储器、输入/输出设备、电源设备
D. 运算器、控制器、存储器、输入设备、输出设备

15. 计算机的核心部件是(　　)。
A. 主存　　B. 主机　　C. CPU　　D. 主板

16. 现代计算机的工作原理是基于(　　)提出的存储程序原理。
A. 艾兰·图灵　　B. 牛顿
C. 冯·诺依曼　　D. 巴贝奇

17. 一个完整的计算机系统应包括(　　)。
A. 硬件系统和软件系统　　B. 主机和外部设备

C. 运算器、控制器和存储器　　D. 主机和实用程序

18. 完整的计算机软件系统应包括(　　)。

A. 程序与数据　　B. 系统软件与应用软件

C. 操作系统与语言处理程序　　D. 程序、数据与文档

19. 计算机软件系统分为系统软件和应用软件两大类，其中(　　)是系统软件的核心。

A. 数据库管理系统　　B. 语言处理系统

C. 操作系统　　D. 工资管理系统

20. 语言编译软件按软件分类来看是属于(　　)。

A. 系统软件　　B. 操作系统

C. 应用软件　　D. 数据库管理系统

21. C 语言属于(　　)。

A. 机器语言　　B. 汇编语言　　C. 高级语言　　D. 数据库语言

22. 汇编语言源程序需经(　　)翻译成目标程序。

A. 监控程序　　B. 汇编程序　　C. 连接程序　　D. 机器语言程序

23. 编译程序的功能是(　　)。

A. 发现源程序中的语法错误　　B. 改正源程序中的语法错误

C. 将源程序编译成目标程序

D. 将某一高级语言程序翻译成另一种高级语言程序

24. 除硬件外，计算机系统不可缺少的另一部分是(　　)。

A. 指令　　B. 数据　　C. 网络　　D. 软件

25. 在冯·诺依曼原理中，计算机应包括(　　)等功能部件。

A. 运算器、控制器、存储器、输入设备和输出设备

B. 运算器、存储器、显示器、输入设备和输出设备

C. 运算器、控制器、存储器、键盘和鼠标

D. 运算器、控制器、硬盘、输入设备和输出设备

26. 微型计算机工作过程中突然断电，内存中的数据(　　)。

A. 全部丢失　　B. 部分丢失　　C. 不会丢失　　D. 自动保存

27. 内存储器与硬盘存储器相比较，可以说(　　)。

A. 内存储器容量大、速度快、造价高

B. 内存储器容量小、速度慢、造价低

C. 内存储器容量小、速度快、造价高

D. 区别仅仅是一个在计算机里，一个在计算机外

28. 在微型计算机的硬件系统中，(　　)是计算机的记忆部件。

A. 运算器　　B. 控制器　　C. 存储器　　D. 中央处理器

29. 对计算机软件正确的认识应该是(　　)。

A. 计算机软件不需要维护

B. 计算机软件只要能复制得到就不必购买

C. 受法律保护的计算机软件不可以随便复制

D. 计算机软件不必有备份

30. 下列说法中正确的是(　　)。

A. 计算机体积越大，其功能就越强

B. 两个显示器屏幕尺寸相同，则它们的分辨率必定相同

C. 点阵打印机的针数越多，则能打印的汉字字体就越多

D. 在微型计算机性能指标中，CPU 的主频越高，其运算速度越快

31. 以下哪一种设备不是计算机的外存储设备(　　)。

A. 随机存取存储器(ROM)　　B. 硬盘

C. U 盘　　D. 光盘

32. 在微型计算机性能指标中，用户可用的内存储器容量通常是指(　　)。

A. ROM 的容量　　B. RAM 的容量

C. ROM 和 RAM 的容量总和　　D. 硬盘的容量

33. 一般的软件可分为两大类，即(　　)。

A. 字处理软件和数据库管理软件　　B. 系统软件和应用软件

C. 操作系统和数据库管理软件　　D. 程序和数据

34. 设置微型计算机的显示分辨率及颜色数(　　)。

A. 与显示器分辨率有关　　B. 与显示卡有关

C. 与显示器分辨率及显示卡有关　　D. 与显示器分辨率及显示卡均无关

35. 在计算机中，对汉字进行传输、处理和存储时使用汉字的(　　)。

A. 字形码　　B. 机内码　　C. 国标码　　D. 输入码

36. 显示器的分辨率为 1024 像素 ×768 像素，其中的 1024 含义为(　　)。

A. 每行输出的字符数　　B. 每屏输出的行数

C. 每行的像素点数　　D. 每列的点数

37. 显示器的清晰度和显示器的档次是由(　　)决定的。

A. 显示器的尺寸　　B. 显示器的型号

C. 显示器的分辨率　　D. 是由计算机主机的中央处理器决定的

38. 在各类计算机操作系统中，分时操作系统是一种(　　)。

A. 单用户批处理操作系统　　B. 多用户批处理操作系统

C. 单用户交互式操作系统　　D. 多用户交互式操作系统

39. 在微型计算机系统中常有 VGA、EGA 等说法，它们的含义是(　　)。

A. 微型计算机型号　　B. 键盘型号

C. 显示标准　　D. 显示器型号

40. 一般为了提高屏幕输出图像的质量，可以进行如下处理(　　)。

A. 提高显示器的分辨率　　B. 在显示属性中改变颜色数

C. 减少程序的运行　　D. 增加系统的内存

41. 下列全部是高级语言的一组是(　　)。

A. 汇编语言、C 语言、PASCAL　　B. 汇编语言、C 语言、BASIC

C. 机器语言、C 语言、BASIC　　D. BASIC、C 语言、PASCAL

42. 按对应的 ASCII 码值来比较，正确的结果是(　　)。

A. “Q”比“q”大　　B. “F”比“e”大

C. 空格比句号大　　D. 空格比 Esc 大

43. 将十进制数 215 转换成二进制数是(　　)。

A. 11010111　　B. 11101010　　C. 1101011　　D. 11010110

44. 二进制数 10000001 转换成十进制数是(　　)。

A. 127　　B. 129　　C. 126　　D. 128

45. 与十进制数 97 等值的二进制数是(　　)。

A. 1011111　　B. 1100001　　C. 1101111　　D. 1100011

二、填空题

1. 第一台电子数字计算机是________年由________国发明的，名字叫________。

2. 计算机的工作特点是具有快速、准确、________和________。

3. 第四代计算机所采用的主要功能器件是________。

4. 计算机的发展趋势是巨型化、________、智能化、多媒体化和________。

5. 巨型化是指计算机向高速度、大存储容量、强功能和________方向发展。

6. 微型化是指计算机的体积越来越小、功耗越来越低、________越来越强。

7. 目前，国际上按照性能将计算机分类为巨型机、小巨型机、大型主机、小型机和个人计算机。

8. 工作站主要用于一些________的处理。

9. 计算机的工作原理是采用________原理。

10. 计算机的主要应用领域有科学和工程计算、________、过程控制、________、人工智能。

11. CAD 是指________，CAI 是指________。

12. 一个完整的计算机系统由________和________两大部分组成。

13. 从计算机工作原理的角度讲，一台完整的计算机硬件主要由运算器、控制器、________、输入设备和________等部分组成。从组装计算机的角度讲，微型计算机则是由________、________等部分组成。

14. 微型计算机中的 CPU 通常是指________和________。

15. 主机是计算机的核心部件，它主要由主机板、________、________、扩展槽、电源等部分组成。

16. 主机以外的部件一般称为________，如鼠标、显示器等。

17. 一般认为芯片的________越大，其处理能力也越强。

18. 存储器的主要功能是存放________和数据。

19. 计算机存储器记忆信息的基本单位是________，记为 B。

20. 现在常用的外存储器有 U 盘、硬盘和________。

21. 外存储器中的信息________直接被中央处理器 CPU 所访问，但它可以与________成批交换信息。

22. 内存储器包括________和________两部分，其中________中的信息只能使用不能改变，故又称其为只读存储器。

23. 常见的光盘驱动器有________、CD－R、CD－RW 与 DVD 等。

24. 微型机系统中使用的显示器主要有阴极射线管显示器和________，其中阴极射线管显示器简称________。

25. 显示器必须与________共同构成微型机的显示系统，显示器的________越高，组成的字符和图形的像素的个数越多，显示的画面就越清晰。

26. 常见的彩色/图形适配器有：CGA、________、TVGA 和 AGP 显卡等。

27. 一般从颜色、________、________、尺寸以及隔行扫描还是逐行扫描等方面来衡量显示器的性能。

28. 计算机输入设备是将数据、程序等转换成计算机能够接受的________，并将它们送入内存。

29. 键盘与鼠标器是微型计算机上最常用的________设备。

30. 一般把软件分为________和________两大类。

计算机基础知识练习题参考答案

一、单项选择题答案

1～5：AACBD　6～10：BABBD　11～15：ABADC　16～20：CABCA
21～25：CBCDA　26～30：ACCCD　31～35：ABBCB　36～40：CCDDA
41～45：DDABB

二、填空题答案

1. 1946　美　ENAIC　2. 运算　控制
3. 大规模集成电路　4. 微型化　网络化
5. 高精度　6. 性能　7. 工作站
8. 图像处理与 CAD　9. 储存程序
10. 数据处理　计算机辅助工程　11. 计算机辅助设计　计算机辅助教学
12. 硬件系统　软件系统　13. 存储器　输出设备　主机　外设
14. 控制器　运算器　15. CPU　RAM　16. 外部设备
17. 主频　18. 程序　19. 字节　20. 光盘
21. 不能　内存　22. RAM　ROM　ROM　23. CD－ROM
24. 液晶显示器　CRT　25. 显卡　分辨率　26. VGA
27. VGA　分辨率　28. 形式　29. 输入
30. 系统软件　应用软件

第二章　Windows XP 操作系统

上机实习 2－1　初识 Windows

上机时间：____ 年__ 月__ 日　　第____ 节　上机地点：________ 指导教师：________

上机目标

1. 掌握 Windows XP 的启动与退出操作；
2. 掌握任务栏的有关操作。

知识预备

一、桌面图标

在表 2－1 中，请写出图标执行的功能。

表 2－1　Windows XP 桌面图标名称及功能

图标	图标名称及执行的功能	图标	图标名称及执行的功能

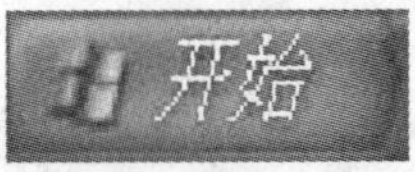		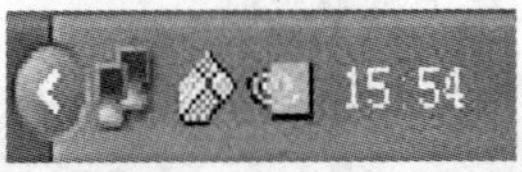	

二、任务栏的相关操作

1. 任务栏的移动

系统默认任务栏处于桌面的最底端，其实任务栏也可以放置在桌面的顶部、左侧或右侧。将鼠标指向任务栏的空白处，拖动鼠标移至目标位置时，松开鼠标左键即完成了任务栏的移动。

2. 改变任务栏的尺寸

移动鼠标到任务栏和桌面交界的边缘上，此时鼠标即刻变为双箭头形状“↕”，拖动鼠标，就可改变任务栏的宽度。

3. 任务栏的快捷菜单

在任务栏的空白处单击鼠标右键，屏幕显示快捷菜单。

上机内容

一、Windows XP 的启动

1. Windows XP 的正常启动

检查计算机连接设备，先开启显示器电源，再开主机电源。

2. 进入 Windows XP 安全模式

启动 Windows XP 时，按 F8 键，在 Windows 高级选项菜单中使用键盘上的“↑”或“↓”键将白色光带移动到“安全模式”选项上，按“回车键”进入安全模式。

3. Windows XP 重新启动的操作

方法一：按主机箱上的 Reset 键。

方法二：启动 Windows XP 后，连续按两次快捷键“Ctrl + Alt + Del”。

4. 登录 Windows XP 的操作

启动 Windows XP，在登录界面选择用户名，输入密码，按“回车键”或单击密码框右侧箭头按钮进入 Windows XP 桌面(如果没有密码，直接按“回车键”进入 Windows XP 桌面)。

二、关闭计算机的操作

关闭计算机的操作步骤如下：

1. 保存所有需要保存的数据。

2. 关闭所有正在运行的应用程序。

3. 关闭计算机。

选择“开始”|“关闭计算机”命令选项，在弹出的“关闭计算机”界面中，选择“关闭”按钮(如果选择“重新启动”按钮，则在不关闭主机电源的情况下重新启动 Windows XP；如果选择“待机”按钮，则 Windows XP 进入睡眠状态，节省计算机电源和资源，按键盘上的任意键或动一下鼠标可以随时恢复正常状态)。

收获体会

请写出本次上机实习的收获与体会。

上机实习 2－2　Windows 桌面及其操作

上机时间：____年__月__日　　第____节　上机地点：________　指导教师：________

上机目标

1. 掌握桌面操作；
2. 掌握设置显示属性；
3. 掌握图标和快捷方式操作。

上机内容

一、桌面操作

1. 桌面图标操作

桌面图标操作内容如下：

(1)桌面图标的排列；

(2)桌面图标的更改；

(3)桌面图标的移动；

(4)桌面图标的删除。

2. 开始按钮操作

位于桌面左下角带有 Windows 图标的就是“开始”按钮。单击“开始”按钮后，就会显示“开始”菜单。利用“开始”菜单可以运行程序、打开文档及执行其他常规操作。用户所要做的工作几乎都可以通过它来完成。

3. 任务栏操作

任务栏通常放置在桌面的最下端。任务栏包括“开始”菜单、快速启动栏、任务切换栏和指示器栏 4 部分。

任务栏的主要操作内容如下：

(1)任务栏属性的设置。

(2)任务栏高度的调整。

(3)任务栏位置的调整。

(4)快速启动栏项目的调整。

二、设置显示属性

1. 在桌面单击右键，在弹出的快捷菜单中选择属性，可以设置具有个性化的桌面属性。

2. 选择“主题”选项卡，单击“主题”列表框的向下箭头，选择“Windows 经典”选项，单击“确定”按钮，观察桌面变化。

3. 选择“桌面”选项卡，在背景列表框中选择一幅系统默认的图片或将自己喜爱的图片作为桌面墙纸，选择居中或平铺或拉伸显示方式，单击“确定”按钮，观察桌面变化。

4. 选择“屏幕保护程序”选项卡，在屏幕保护程序列表框中选择任意一种屏幕保护程序，如“三维飞行物”，单击“预览”按钮，预览屏幕保护程序。调整等待时间，如“5 分钟”，也可以选择“在恢复时使用密码保护”复选框，单击“确定”按钮即完成屏幕保护程序的设置。

5. 选择“外观”选项卡，选择“窗口和按钮”列表框中的“Windows 经典样式”，“色彩方案”列表框中的“银色”，“字体大小”列表框中的“大字体”，单击“确定”按钮，观察窗口变化。

6. 选择“设置”选项卡，调整“屏幕分辨率”滑块，设置屏幕的分辨率为“1024 × 768 像素”，选择“颜色质量”列表框中的“最高(32 位)”，单击“确定”按钮，观察桌面视觉效果的变化。

三、图标和快捷方式操作

1. 选定图标或快捷方式：用鼠标左键单击某一图标，该图标颜色变深，即被选定。

2. 移动图标或快捷方式：将鼠标光标移动到某一图标上，按住左键不放，拖动图标到某一位置后再释放，图标就被移动到该位置。

3. 执行图标或快捷方式：用鼠标左键双击图标或快捷方式就会执行相应的程序或文档。

4. 复制图标或快捷方式：要把窗口中的图标或快捷方式复制到桌面上，可以按住 Ctrl 键不放，然后用鼠标拖动图标或快捷方式到指定的位置上，再释放 Ctrl 键和鼠标，即可完成图标或快捷方式的复制。

5. 删除图标或快捷方式：先选定要删除的图标或快捷方式，按键盘上的 Del 键即可删除。

6. 快捷方式的建立：用鼠标右击对象，在弹出的快捷菜单中单击“发送到桌面快捷方式”命令。

收获体会

请写出本次上机实习的收获与体会。

上机实习 2 - 3　窗口及其基本操作

上机时间：____ 年__ 月__ 日　　第____ 节　上机地点：________ 指导教师：________

上机目标

1. 掌握窗口、菜单的组成及操作；
2. 熟悉对话框的组成、作用及基本操作。

知识预备

图 2 - 1 是“我的电脑”的窗口，请在图中写出窗口各组成部分的名称。

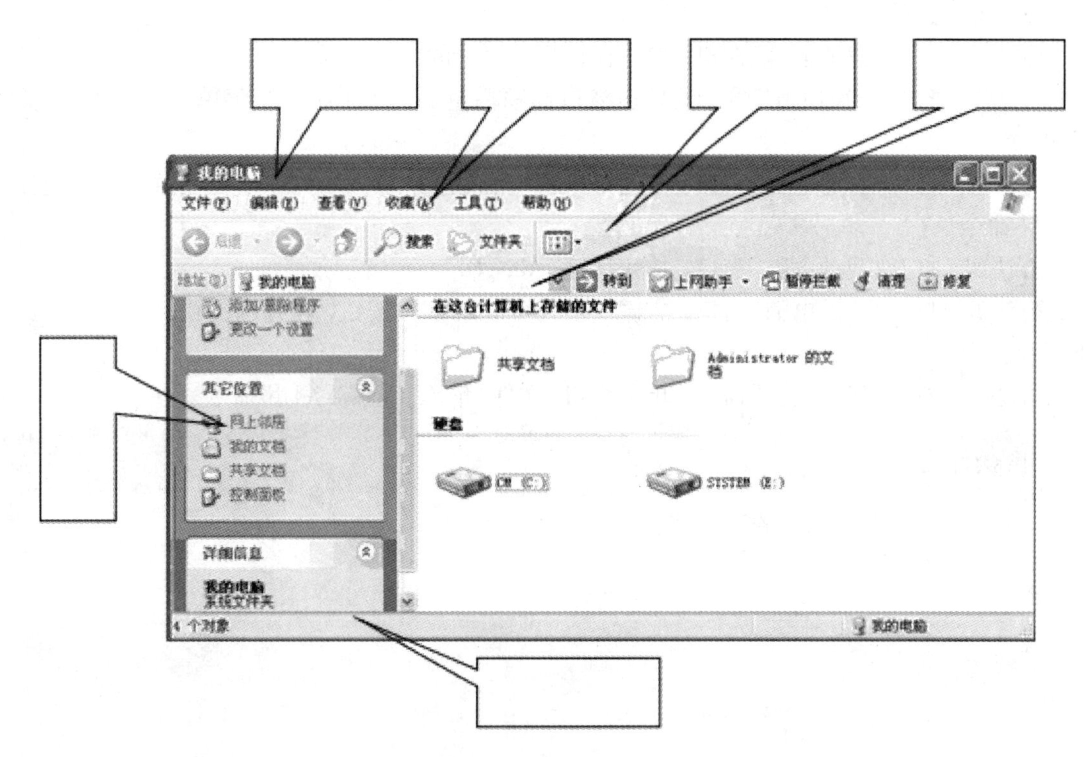

图 2－1　“我的电脑”窗口

上机内容

一、移动窗口的操作

方法一：双击“我的电脑”图标，打开窗口，用鼠标左键直接拖动窗口的标题栏到指定的位置。

方法二：双击“我的电脑”图标，打开窗口，按“Alt＋空格”键，打开系统控制菜单，使用箭头键选择“移动”命令。使用箭头键将窗口移动到指定的位置上，按回车键即可。

二、窗口最大化、最小化的操作

1. 最大化窗口

双击窗口标题栏，可以在窗口最大化和恢复原状之间切换。

2. 最小化窗口

单击任务栏上的应用程序图标，可以在窗口最小化和恢复原状之间切换。

三、改变窗口尺寸的操作

打开“我的电脑”窗口，移动鼠标指针到窗口边框并拖动，改变窗口尺寸为任意大小。

四、窗口滚动条的操作

打开“控制面板”窗口，缩小“控制面板”窗口，使窗口的右边及下边都出现滚动条。用鼠标拖动滚动条，查看窗口中的信息。

五、窗口关闭的操作

方法一：打开“我的电脑”窗口，单击窗口标题栏上的“关闭”按钮。

方法二：打开“我的电脑”窗口，单击窗口标题栏左上角的系统控制菜单图标，选择“关闭”命令。

方法三：打开“我的电脑”窗口，右键单击窗口标题栏，在弹出的系统控制菜单中，选择“关闭”命令。

方法四：打开“我的电脑”窗口，按快捷键“Alt + F4”。

方法五：打开“我的电脑”窗口，右键单击任务栏的窗口按钮，在弹出的快捷菜单中，选择“关闭”命令。

方法六：打开“我的电脑”窗口，单击窗口“文件”菜单，选择“关闭”命令。

收获体会

请写出本次上机实习的收获与体会。

上机实习 2－4 资源管理器的基本操作

上机时间：____年__月__日 第____节 上机地点：________ 指导教师：________

上机目标

1. 掌握资源管理器的启动方法；
2. 掌握资源管理器的综合操作。

上机内容

一、资源管理器的启动

方法一：单击“开始”按钮，依次选择“所有程序”|“附件”|“Windows 资源管理器”。

方法二：在桌面上右击“我的电脑”或“我的文档”或“回收站”图标，在弹出的快捷菜单中选择“资源管理器”。

方法三：在“我的电脑”右边的用户工作区任选一个对象右击，在弹出菜单中选择“资源管理器”。

二、资源管理器的使用

右击“我的电脑”，利用快捷菜单打开“资源管理器”窗口。

1. 练习文件夹的展开与折叠。

提示:将鼠标指向左侧“文件夹”窗口内的(C:)图标左侧方框中的“+”号并单击，此时观察到原来的“+”号变为“-”号，这表明C:下的文件夹已经展开；再单击该“-”号，则可观察到此时“-”号又变为“+”号，这表明C:下的文件夹又折叠了起来。

2. 设置或取消下列文件夹的查看选项，并观察其中的区别：

(1)显示所有的文件和文件夹。

(2)隐藏受保护的操作系统文件。

(3)隐藏已知文件类型的扩展名。

(4)在标题栏显示完整路径等。

提示：在“资源管理器”窗口，选择“工具|文件夹选项(O)…”菜单命令打开“文件夹选项”对话框，再选择“查看”选项卡，在“高级设置”栏实现各项设置。

3. 分别用缩略图、列表、详细信息等方式浏览 Windows 主目录，观察各种显示方式之间的区别。

提示：在“资源管理器”窗口，选择“查看”命令(可以是菜单或快捷菜单或工具按钮)，通过各相应子菜单实现。

4. 分别按名称、大小、文件类型和修改时间对 Windows 主目录进行排序，观察四种排序方式的区别。

提示：在“资源管理器”窗口，选择“查看”|“排列图标”(或快捷菜单“排列图标”)级联菜单，通过各相应子菜单实现。

问题思考

1. 如何打开“资源管理器”，浏览“我的文档”中的子文件夹“图片收藏”的内容？

2. 如何设置不同的查看文件方式？(如：缩略图、平铺、图标、列表、详细信息、幻灯片，注意比较各种不同的浏览方式。)

收获体会

请写出本次上机实习的收获与体会。

上机实习 2 –5　文件夹和文件操作

上机时间：____ 年__ 月__ 日　第____ 节　上机地点：________ 指导教师：________

上机目标

1. 掌握文件夹和文件的选择、建立、复制、移动、粘贴、删除、重命名、查看属性等操作；
2. 了解文件扩展名的相关知识。

知识预备

表 2 –2 是常见文件扩展名、图标及类型，请同学理解并熟记。

表 2 –2　文件扩展名、图标及类型

扩展名	图标	类型	扩展名	图标	类型
. SYS		系统文件	. TXT		文本文件
. TNT		配置文件	. DOC		Word 文档文件
. TMP		临时文件	. XLS		Excel 文档文件
. HTM		网页文档文件	. BMP		常用的图像文件
. BAT		批处理文件	. JPG		常用的图像文件
. ZIP 或 . RAR		压缩文件	. EXE		可执行文件
. DRV		驱动程序文件	. COM		命令程序文件
. HLP		帮助文件	. WAV		声音文件

上机内容

1. 选定文件夹或文件

(1)单个目标的选择：直接在图标上单击即可。

(2)多个连续目标的选择：先单击要选的第一个图标，然后按住 Shift 键，再单击要选择的最后一个文件夹图标即可。

(3)全选：选择“编辑”|“全部选中”命令，或快捷键 Ctrl + A 可以实现全选。

(4)多个不连续目标的选择：按住 Ctrl 键逐个单击要选取的文件或文件夹。

(5)反向选择：先选中一个或多个文件或文件夹，然后选择“编辑”|“反向选择”命令，则原来没有选中的都选中了，而原来选中的都变为没选中。

(6)取消选择：在空白处单击则取消选择。

2. 新建文件夹或文件

在 D 盘根目录下建立如图 2－2 所示文件夹。

3. 开文件夹或文件

任选一个文件夹或文件进行操作。

4. 复制、移动文件夹或文件

任选一个文件夹或文件进行复制、移动操作。

5. 删除文件夹或文件

任选一个文件夹或文件进行删除操作。

6. 显示和修改设置文件夹或文件属性

在文件夹或文件上单击右键，在弹出的快捷菜单中选择“属性”，打开“属性”对话框。“常规”选项卡将显示文件大小、位置、类型等。另外还可设置文件夹或文件为只读、隐藏、存档等，以实现文件夹或文件的读写保护。

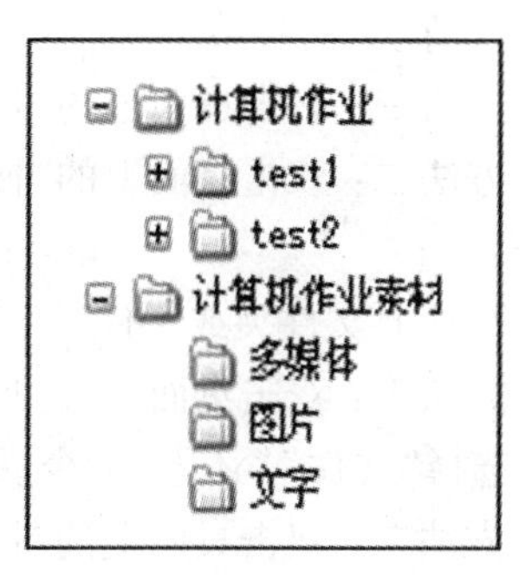

图 2－2　新建文件夹的示意图

问题思考

文件的命名规则是什么？

收获体会

请写出本次上机实习的收获与体会。

上机实习 2 -6　文件的其他操作

上机时间：____ 年__月__日　第____节　上机地点：________ 指导教师：________

上机目标

1. 掌握回收站的相关操作；
2. 掌握文件夹或文件的压缩/解压缩；
3. 掌握文件的搜索。

上机内容

一、回收站操作

1. 清空“回收站”

方法一：右击桌面上的“回收站”图标，在弹出的快捷菜单中选择“清空回收站”。

方法二：双击桌面上的“回收站”图标，打开“回收站”窗口，选择“文件”“清空回收站”命令。

2. 还原文件夹或文件

方法一：双击桌面上的“回收站”图标，打开“回收站”窗口，选中要还原的文件夹或文件，选择“文件”“还原”命令。

方法二：双击桌面上的“回收站”图标，打开“回收站”窗口，右击要彻底删除的文件夹或文件，在弹出的快捷菜单中选择“还原”命令。

二、文件夹或文件的压缩/解压缩

1. 压缩文件夹或文件

选中需要进行压缩的文件或文件夹，然后点击鼠标右键，选择“添加压缩文件”命令，便可自动将文件或文件夹进行压缩了。

2. 解压缩文件夹或文件

在解压缩文件夹或文件时，我们可以选中压缩包，然后点击鼠标右键，选择“解压到”命令选项。在出现的对话框中点击“更改目录”按钮为解压缩文件选择存放路径，点击“立即解压”按钮便可完成解压操作。(因 Windows XP 版本不同，操作有细微差别，但大同小异)

当然，用户也可以使用第三方解压缩软件(WinRAR、Winzip 等)进行文件夹或文件的解压缩。

三、文件的搜索

1. 打开搜索对话框的方法有以下几种：

方法一：在任何文件夹窗口单击工具栏上的“搜索”按钮。

方法二：右击某一文件夹或盘符，从快捷菜单中选择“搜索”命令。

方法三：选择“开始”|“所有程序”|“搜索”命令。

2. 设定搜索条件。

"全部或部分文件名"输入框：用户可从这里输入要搜索的文件夹名或文件名。这里的文件夹和文件的名字可以使用通配符"?"或"*"来实现模糊搜索。"?"表示替代 0 个或 1 个字符，"*"表示替代 0 个字符或多个字符。

"在这里寻找"下拉列表：在这个列表可选择搜索的地方，以快速寻找。

问题思考

在文件搜索时，使用"*"与使用"?"有什么区别？

收获体会

请写出本次上机实习的收获与体会。

上机实习 2-7　控制面板操作

上机时间：____年__月__日　　第____节　上机地点：________　指导教师：________

上机目标

1. 掌握控制面板的基本操作；
2. 熟悉显示属性、鼠标、声音、打印机、字体、添加新硬件等操作。

上机内容

一、控制面板的启动

方法一：在 Windows 资源管理器左窗格中，单击控制面板图标。

方法二：选择"开始"|"设置"命令，单击"控制面板"选项。

方法三：在"我的电脑"窗口中，双击"控制面板"图标。

二、系统管理

启动控制面板后，单击"系统"图标。

1. 在"常规"选项卡中，用户可以看到当前计算机系统的 Windows 版本注册信息、CPU 型号以及内存容量等信息。

2. 在"计算机名"选项卡中，用户可以设置计算机的标识，也即在网络上访问这台计算机应使用的名称。

3. 用户也可以设置“硬件”“高级”“自动更新”“远程”等属性。

三、鼠标设置

启动控制面板后，单击“鼠标”图标。

1. 设置鼠标键

通常人们习惯用右手使用鼠标进行操作，但也有人习惯使用左手，Windows 提供了可以设置右手、左手鼠标的方法。

2. 鼠标指针的设置

在“鼠标属性”对话框中选择“指针”选项卡，用户可以在“方案”栏中选择一种鼠标外型方案，也可以在“自定义”框中选择一种状态，再单击“浏览”按钮来单独为那种状态选择一种指针形状，最后单击“确定”按钮。

四、打印机设置

打印机是常用的一种输出设备，下面介绍通过“控制面板”进行打印机添加的方法。

1. 在“控制面板”窗口中双击“打印机和传真”图标，然后在“打印机任务”一栏中选择“添加打印机”选项，则进入添加打印机向导程序。

2. 单击“下一步”按钮，按操作提示进行安装。

五、安装字体

方法一：启动“控制面板”窗口，选择“字体”图标。在“字体”文件夹的菜单栏中选择“文件”|“安装新字体”，然后在弹出的对话框中指明你存放新字体的路径，将“将字体复制到 Fonts 文件夹”前面的复选框打“√”。

方法二：把新字体文件粘贴到系统盘字体夹里，如 C：\windows\Fonts\里，系统会自动安装。

问题思考

如何安装字体？请将“叶根友毛笔行书简体”安装到字体库中。

收获体会

请写出本次上机实习的收获与体会。

上机实习 2 –8　附件应用程序操作

上机时间：____ 年 __ 月 __ 日　　第 ____ 节　上机地点：________　指导教师：________

上机目标

1. 掌握画图工具的操作；
2. 掌握记事本及系统工具的操作。

上机内容

一、“画图”程序操作

请在画图工具中绘制图 2 –3。

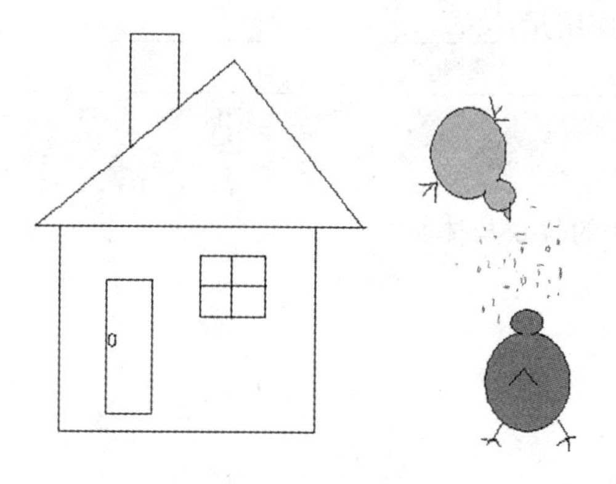

图 2 –3　样图

1. 打开“画图”程序，在窗口左边的工具箱中单击“矩形”按钮。

2. 在窗口中的工作区域拖动鼠标，画出一个矩形框。

3. 单击窗口下边的红色方块，工作区中添加了一个红色矩形。

4. 在工具箱中单击“椭圆”按钮，在工作区域拖动鼠标画椭圆；在拖动鼠标时按住 Shift 键，则画正圆。

5. 键入或编排文字：在工具箱中单击“文字”按钮，在工作区沿对角线拖动鼠标，创建一个文字框。单击文字框内的任意位置，键入文字“Windows XP 画图程序”。在颜料盒中单击一种颜色，改变文字的颜色。

6. 用颜色填充：在工具箱中单击“用颜色填充”按钮，在颜料盒中选出一种颜色；单击要填充的对象。若用前景色填充，则单击选定区域；若用背景色填充，则用鼠标右击选定区域。

7. 保存画图文件：绘制好图像后，选择“文件”|“保存”或“另存为”命令，可以将图像保存起来。“画图”程序支持的图像保存格式有“单色位图”“16 色位图”“256 色位图”“24 位位图”“JPEG”“GIF”“TIFF”“PNG”等多种格式，用户可以根据需要更改图像格式。

二、“记事本”程序操作

1. 打开“记事本”窗口，键入以下文字：

电子商务竞赛目的：以电子商务技术比赛为平台，通过大赛营造和优化职业院校电子商务应用人才成长的良好环境，加快高素质应用型电子商务人才的培养，强化公民的电子商务应用意识，扩大和提高各行业电子商务应用的范围和水平，促进职业院校电子商务学科建设，大力推进我国电子商务产业发展。

2. 保存文件

选择“文件”|“保存”命令或按快捷键“Ctrl + S”，在弹出的“保存”对话框中，选择保存位置为“D：”，输入文件名“电子商务竞赛目的”，选择保存类型为“. txt”，单击“保存”按钮，将文件保存。

三、系统工具操作

1. “磁盘清理”的作用是：____。
其操作步骤是：____。

2. “磁盘碎片整理” 的作用是：____。
其操作步骤是：____。

3. “字符映射表”的作用是：____。
其操作步骤是：____。

收获体会

请写出本次上机实习的收获与体会。

Windows XP 操作系统练习题

一、单项选择题

1. Windows2000 或 Windows XP 操作系统区别于 DOS 和 Windows 3. X 的最显著的特点是它(　　)。

1. 提供了图形界面　　B. 能同时运行多个程序
C. 具有硬件即插即用的功能　　D. 是真正 32 位的操作系统

2. 在 Windows 中，能弹出对话框的操作是(　　)。

A. 选择了带省略号的菜单项　　B. 选择了带向右三角形箭头的菜单项
C. 选择了颜色变灰的菜单项　　D. 运行了与对话框对应的应用程序

3. 在 Windows 中，“任务栏”(　　)。

A. 只能改变位置不能改变大小　　B. 只能改变大小不能改变位置
C. 既不能改变位置也不能改变大小　　D. 既能改变位置也能改变大小

4. 把 Windows XP 的窗口和对话框作一比较，窗口可以移动和改变大小，而对话框(　　)。

A. 仅可以移动，不能改变大小　B. 既不能移动，也不能改变大小

C. 仅可以改变大小，不能移动　D. 既能移动，也能改变大小

5. 不能在 Windows 的“日期和时间属性”窗口中(　　)。

A. 选择不同的时区　B. 设置日期

C. 设置时间　D. 直接调整时钟的指针

6. 在“显示属性”窗口的(　　)选项卡中，可以设置显示器的分辨率。

A. 效果　B. 设置　C. 外观　D. 屏幕保护

7. 下面关于 Windows XP 操作系统菜单命令的说法中，不正确的是(　　)。

A. 带省略号(…)的命令执行后会打开一个对话框，要求用户输入信息

B. 命令名前面有符号(√)表示该命令正在起作用

C. 命令名后面带有符号(▶)的，表明此菜单还将引出子菜单

D. 命令项呈黯淡的颜色，表示该命令正在执行

8. 在 Windows XP 平台上，平铺窗口就是把打开的窗口(　　)。

A. 还原　B. 并排窗口　C. 层层嵌套　D. 最大化

9. 在中文 Windows 的中文输入法状态下，按下列(　　)键可以输入中文标点符号顿号(、)。

A. ~　B. &　C. \　D. @

10. 下列关于 Windows 桌面上图标的叙述中，错误的是(　　)。

A. 除回收站外，图标可以重命名　B. 图标可以重新排列

C. 图标不能删除　D. 所有的图标都可以移动

11. 下列关于 Windows 菜单的叙述中，错误的是(　　)。

A. 使用“开始”菜单的“注销”可更改用户

B. 用户可以自己定义“开始”菜单

C. “开始”菜单内有设置“控制面板”项目

D. “开始”按钮只能固定显示在桌面左下角

12. 在 Windows 默认环境中，下列(　　)组合键能将选定的文档放入剪贴板中。

A. Ctrl + V　B. Ctrl + Z　C. Ctrl + X　D. Ctrl + A

13. 在 Windows 默认环境中，下列(　　)是中英文输入切换键。

A. Ctrl + Alt　B. Ctrl + 空格　C. Shift + 空格　D. Ctrl + Shift

14. 下列关于 Windows XP 文件名的说法中，不正确的是(　　)。

A. Windows XP 中的文件名可以有多个小数点

B. Windows XP 中的文件名可以有空格

C. Windows XP 中的文件名与 MS - DOS 系统不兼容

D. Windows XP 中的文件名最多可达 255 个字符

15. 在 Windows XP 中文件夹名不能是(　　)

A. 12% +3%　B. 12 $ - 3 $　C. 12 * 3!　D. 1&2 =0

16. 在 Windows 中，拖动鼠标执行复制操作时，鼠标光标的箭头尾部(　　)。

A. 带有“!”号　B. 带有“+”号　C. 带有“%”号　D. 不带任何符号

17. 在 Windows 默认环境中，若已找到了文件名为 try. bat 的文件，(　　)方法不能编辑该文件。

A. 双击该文件

B. 右击该文件，在弹出的系统快捷菜单中选“编辑”菜单命令

C. 首先启动“记事本”程序，然后用“文件”菜单的“打开”命令打开该文件

C. 首先启动“写字板”程序，然后用“文件”菜单的“打开”命令打开该文件

18. Windows 显示环境处于屏幕最底层的是(　　)。

A. 窗口　B. 工作台　C. 操作台　D. 桌面

19. 在 Windows XP 中，下列不能用在文件名中的字符是(　　)

A. ,　B. ^　C. ?　D. +

20. 在 Windows 中，若系统长时间不响应用户的要求，为了结束该任务，应使用的组合键是(　　)。

A. Shift + Esc + Tab　B. Ctrl + Shift + Enter

C. Alt + Shift + Enter　D. Ctrl + Alt + Del

21. 按照操作方式，Windows 系统相当于(　　)。

A. 实时系统　B. 批处理系统　C. 分布式系统　D. 分时系统

22. 在 Windows 中，呈灰色显示的菜单项意味着(　　)。

A. 该菜单命令当前不能选用　B. 选中该菜单后将弹出对话框

C. 该菜单命令对应的功能已被破坏　D. 该菜单正在使用

23. 在 Windows 的“资源管理器”窗口中，若希望显示文件的名称、类型、大小等信息，则应选择“查看”菜单中的(　　)。

A. 列表　B. 详细信息　C. 平铺　D. 图标

24. 下列关于 Windows“回收站”的叙述中，错误的是(　　)。

A. “回收站”中的信息可以清除，也可以还原

B. 每个逻辑硬盘上“回收站”的大小可以分别设置

C. 当硬盘空间不够使用时，系统自动使用“回收站”所占据的空间

D. “回收站”中存放的是所有逻辑硬盘上被删除的信息

25. 在 Windows 中，为保护文件不被修改，可将它的属性设置为(　　)。

A. 只读　B. 存档　C. 系统　D. 隐藏

26. 在 Windows XP “资源管理器”窗口的左窗格中，单击文件夹图标左侧的减号(－)按钮后，屏幕上显示结果的变化是(　　)。

A. 该文件夹的下级文件夹显示在窗口右部

B. 窗口左部显示的该文件夹的下级文件夹消失

C. 该文件夹的下级文件夹显示在窗口左部

D. 窗口右部显示的该文件夹的下级文件夹消失

27. 在使用 Windows 的过程中，若出现鼠标故障，在不能使用鼠标的情况下，可以打开“开始”菜单的操作是(　　)。

A. 按 Shift + Tab 键　B. 按 Ctrl + Shift 键

C. 按 Ctrl + Esc 键　D. 按空格键

28. 当选定文件或文件夹后，不将文件或文件夹放到“回收站”中，而直接删除的操作是（　　）。

A. 按“Delete”(Del)键

B. 用鼠标直接将文件或文件夹拖放到“回收站”中

C. 按“Shift + Delete(Del)”组合键

D. 用“我的电脑”或“资源管理器”窗口中“文件”菜单中的删除命令

29. Windows XP Professional 操作系统是一个（　　）。

A. 单用户多任务操作系统　　B. 单用户单任务操作系统

C. 多用户单任务操作系统　　D. 多用户多任务操作系统

30. Windows 窗口的最大化、最小化和移动等控制操作除了标题栏上的按钮外，还可以通过（　　）来实现。

A. 菜单栏选择　　B. 状态栏操作　　C. 控制菜单操作　　D. 窗口选择

31. 在中文 Windows 中，为了实现全角与半角状态之间的切换，应按的键是（　　）

A. Shift + 空格　　B. Ctrl + 空格　　C. Shift + Ctrl　　D. Ctrl + F9

32.（　　）方法不能获得 Windows XP 系统帮助信息。

A. 执行“开始”菜单的“帮助和支持”命令　　B. 按 F1 键

C. 在应用程序中使用“帮助”菜单命令　　D. 按 F2 键

33. 在“鼠标属性”窗口中，不能进行鼠标（　　）的设置。

A. 移动精度　　B. 双击速度　　C. 左、右手习惯　　D. 移动速度

34. 在“显示属性”窗口的（　　）选项卡中，可以设置退出屏幕保护状态所需的密码。

A. 效果　　B. 桌面　　C. 屏幕保护程序　　D. 外观

35. 在“显示属性”窗口的（　　）选项卡中，可以将“画图”软件绘制的图形设置为桌面的背景。

A. 桌面　　B. 外观　　C. 效果　　D. 设置

36. 在 Windows XP 中，若要恢复回收站中的文件，在选定待恢复的文件后，应选择文件菜单中（　　）命令。

A. 还原　　B. 清空回收站　　C. 删除　　D. 关闭

37. 配合使用下面哪个键可以选择多个连续的文件（　　）。

A. Alt　　B. Tab　　C. Shift　　D. Esc

38. 使用下列哪组快捷键可以实现复制文件和粘贴文件（　　）。

A. Shift + C，Shift + V　　B. Shift + V，Shift + C

C. Ctrl + V，Ctrl + X　　D. Ctrl + C，Ctrl + V

39. 关于文件名，下列哪个表述是错误的（　　）?

A. 文件名不能含有以下字符：\ / : * ? “ < > |

B. 同一个文件夹中不能有名字相同的文件

C. 修改文件名的快捷键是 F2

D. 文件的名字不可以是汉字

40. 在 Windows XP 中文版中，添加/删除输入法、设置默认输入法、在桌面上显示/隐藏语言栏和设置输入法热键等操作都是在（　　）中进行的。

A. “添加或删除程序”对话框　　B. 语言栏

C. “文字服务和输入语言”对话框　　D. “更改文字服务”对话框

41. 关于在 Windows XP“资源管理器”窗口中，“文件”菜单中的“关闭”选项是用来(　　)的。

A. 关闭所选文件　　B. 关闭左窗格　　C. 关闭右窗格　　D. 关闭资源管理器

42. Windows XP 系统中，在“智能 ABC 输入法”的输入法工具栏上，若使用动态键盘应该用鼠标左键单击(　　)。

A. 中英文标点符号切换按钮　　B. 各种输入法切换按钮

C. 动态键盘按钮　　D. 中英文输入法切换按钮

43. 在 Windows XP 的资源管理器中，为文件和文件夹提供了(　　)种显示方式。

A. 2　　B. 3　　C. 4　　D. 5

44. 在 Windows 中，“回收站”是(　　)中的一块区域。

A. 内存　　B. 硬盘　　C. U 盘　　D. 高速缓存

45. 在 Windows XP 环境中，当窗口非最大化时，用鼠标拖动“标题栏”，则可以(　　)。

A. 变动该窗口上边缘，从而改变窗口大小　　B. 移动该窗口

C. 放大该窗口　　D. 缩小该窗口

46. Windows XP 的“剪贴板”是(　　)中的一块区域。

A. 内存　　B. 硬盘　　C. U 盘　　D. 高速缓存

47. 在 Windows XP 中，要将屏幕上的内容全部拷入剪贴板，应使用(　　)键。

A. PrintScreen　　B. Alt + PrintScreen

C. Shift + PrintScreen　　D. Ctrl + PrintScreen

48. 在“资源管理器”窗口中，文件夹树中的某个文件夹左边的“ + ”表示(　　)。

A. 该文件夹含有隐藏文件　　B. 该文件夹为空

C. 该文件夹含有子文件夹　　D. 该文件夹含有系统文件

49. 在“资源管理器” 窗口中，单击文件夹树中的文件夹图标(　　)。

A. 在左窗口中扩展该文件夹

B. 在右窗口中显示该文件夹中的子文件夹和文件

C. 在左窗口中显示子文件夹

D. 在右窗口中显示该文件夹中的文件

50. 在 Windows XP 下，当一个应用程序窗口被最小化后，该应用程序(　　)。

A. 终止运行　　B. 暂停运行　　C. 继续在后台运行　　D. 继续在前台运行

51. 在 Windows XP 中有两个管理系统资源的程序组，它们是(　　)。

A. “我的电脑”和“控制面板”　　B. “资源管理器”和“控制面板”

C. “我的电脑”和“资源管理器”　　D. “控制面板”和“开始”菜单

52. 在 Windows XP“资源管理器”窗口中，其左部窗口中显示的是(　　)。

A. 当前打开的文件夹的内容　　B. 系统的文件夹树

C. 当前打开的文件夹名称及其内容　　D. 当前打开的文件夹名称

53. 创建 Windows XP 中的文件名或文件夹名，最多可输入(　　)个字符。

A. 32　　B. 8　　C. 255　　D. 不限

54. Windows XP 中删除某个文件的快捷方式(　　)。

A. 对原文件没有任何影响　　B. 该文件会被放到回收站

C. 原文件不能正常运行　　D. 原文件虽然没有被完全删除，但会有部分读不出来

55. 用通配符搜索文件时，表示前三个字符任意、第四个字符为 p、扩展名任意的文件名是(　　)。

A. ? *? p*. *　　B. ***p? . ?　　C. ??? p. *　　D. *p? . ?

二、填空题

1. 移动窗口时，只需将鼠标定位到窗口的________ 上，拖动到新的位置释放就可以了。

2. 如果菜单中的菜单项或按钮后面有"…"，则表示选择该项会出现一个________ 。

3. 选定不连续的文件时，要先按下________ 键，再分别单击各个文件。

4. 在打开的 Windows 窗口中，全部选定文件或文件夹的快捷键是________ 。

5. 按下________ 键，可将当前屏幕复制到剪贴板上。

6. 在同一盘上复制文件时，按住________ 键，将该文件拖放到目标位置松开鼠标就可以了。

7. 当用户打开多个窗口时，只有一个窗口处于________ 状态，称之为________ 窗口，并且这个窗口覆盖在其他窗口之上。

8. 在 Windows XP 中，为了弹出"显示属性"对话框，应用鼠标右键单击桌面空白处，然后在弹出的快捷菜单中选择________ 项。

9. 在 Windows XP 的"回收站"窗口中，要想恢复选定的文件或文件夹，可以使用"文件"菜单中的________ 命令。

10. 用 Windows XP 的"记事本"所创建文件的缺省扩展名是________ 。

11. Windows 中进入中文输入法按________ 键，改变中文输入法按________ 键。

12. "剪切""复制""粘贴""全选"操作的快捷键分别是________ 、________ 、________ 、________ 。

Windows XP 操作系统练习题参考答案

一、单项选择题答案

1~5：DADAD　　6~10：BDBCC　　11~15：DCBCC　　16~20：BADCD

21~25：DABCA　　26~30：BCCAC　　31~35：ADACA　　36~40：ACDDC

41~45：DCDBB　　46~50：AACBC　　51~55：CBCAC

二、填空题答案

1. 标题栏　　2. 对话框　　3. Ctrl　　4. Ctrl + A

5. PrintScreen　　6. Ctrl　　7. 活动　活动　　8. 属性

9. 还原　　10. . txt　　11. Ctrl + 空格　　Ctrl + Shift

12. Ctrl + X　Ctrl + C　Ctrl + V　Ctrl + A

第三章 Word 文字处理

上机实习 3 -1 Word 的窗口界面

上机时间：____年__月__日 第____节 上机地点：________ 指导教师：________

上机目标

1. 掌握 Word 应用程序快捷方式的建立。

2. 通过快捷方式掌握 Word 的启动和退出。

3. 熟悉 Word 的工作界面和视图显示方式。

上机内容

1. 用三种方法启动 Word。

2. 用三种方法退出 Word。

3. 建立 Word 的快捷方式，并利用该快捷方式启动 Word，观察 Word 用户界面，并把文档窗口的显示方式设为普通视图。

(1) 执行“开始”|“搜索”|“所有文件和文件夹”命令，在“全部或部分文件名”中输入 Word 应用程序的文件名“ winword. exe”。

(2) 在搜索结果中选定 Word 应用程序文件，在桌面为其创建快捷方式。

(3) 双击“Word 快捷方式”图标，打开 Word 应用程序，认识 Word 工作界面：标题栏、菜单栏、工具栏、状态栏、文档窗口和任务窗格等，如图 3 -1 所示。

(4) 单击“普通视图”切换按钮或执行“视图”|“普通”命令，把视图模式切换为普通视图，接着采用同样的方法把视图方式切换为页面视图。比较两种视图方式的区别。

(5) 单击标题栏上的“关闭”按钮或执行“文件”|“关闭”命令，退出 Word 应用程序。

4. 新建一文档，录入下列文字与符号，以“Word 之初体验 . doc”为名，保存在“D：/ * * 班/我的作业”文件夹中。

《示儿》

★☆★☆★☆★☆ 陆 游 ☆★☆★☆★☆★

死去元知万事空，但悲不见九州同。

王师北定中原日，家祭无忘告乃翁。

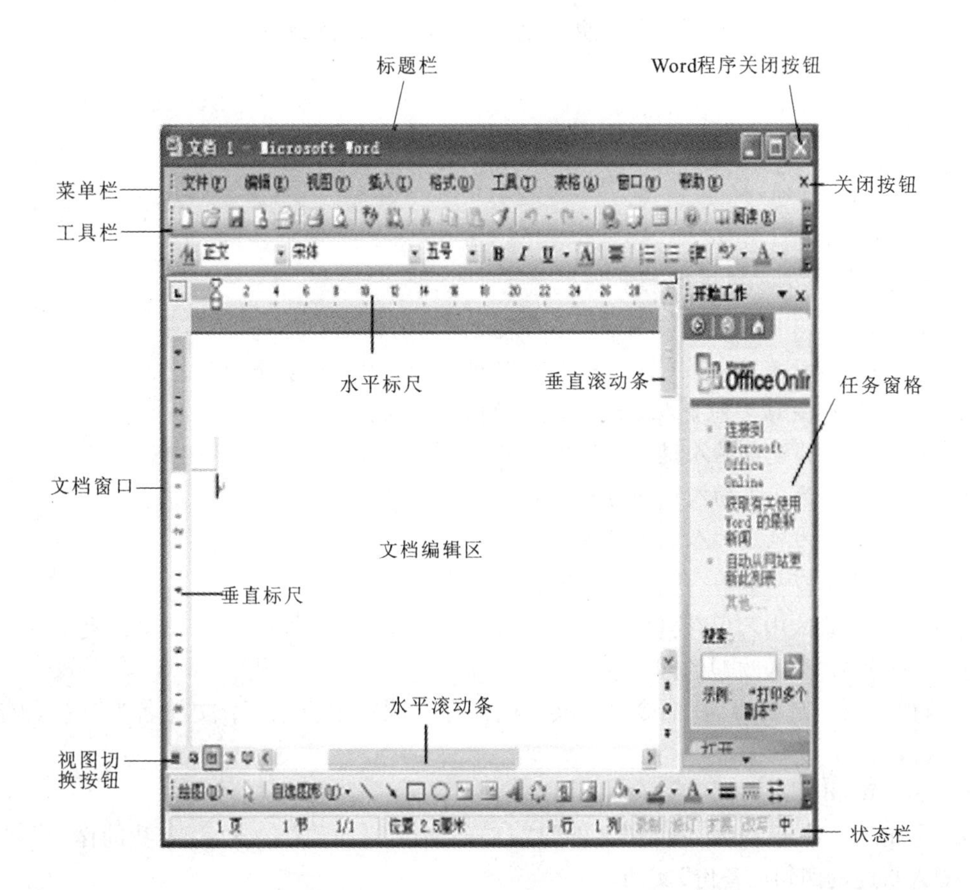

收获体会

请写出本次上机实习的收获与体会。

上机实习 3－2　Word 文档的基本操作

上机时间：____ 年__ 月__ 日　　第____ 节　上机地点：________ 指导教师：________

上机目标

1. 掌握文档的创建和保存。
2. 掌握文档的打开和保护。

知识预备

1. 如何打开文档？怎样关闭文档？

2. 保护文档的方法以及利用向导快速建立文档的方法有哪些?

上机内容

1. 启动 Word 2003 程序。

2. 录入文档“受人欢迎的四句话”。

受人欢迎的四句话
自古就有“一言兴邦，一言丧邦”的明训，讲话确实是一门艺术。 如何说话才能受人欢迎？以下是四点建议： 一、为受窘的人说一句解围的话。 二、为沮丧的人说一句鼓励的话 三、为疑惑的人说一句点醒的话。 四、为无助的人说一句支持的话。

3. 将以上所录入内容保存到“D: / * * 班/我的作业”文件夹中(如果该文件夹不存在，请自建)，文件名为“受人欢迎的四句话”。

4. 执行“文件”|“另存为”命令，把该文档保存在同一个目录下，文件名为“受人欢迎的四句话备份”。

5. 关闭 Word 程序。

6. 重新启动 Word 程序，执行“文件”|“打开”命令，打开“D: / * * 班/我的作业”文件夹中的“受人欢迎的四句话备份”文档。

7. 执行“文件”|“另存为”命令，打开“另存为”对话框，单击“工具”按钮，选择“安全选项措施”命令，在“安全性”对话框中设置打开文档密码为“1234”，关闭文档。

8. 双击“受人欢迎的四句话备份”文档，键入密码打开该文档。

问题思考

1. 关闭文档与退出程序有什么区别?

2. 在保留原文档的基础上，现需要保存另一份与原文档内容相同的文档，应该直接执行“保存”命令还是“另存为”命令?

3. 对于新文档执行“保存”命令或“另存为”命令，有区别吗？试一试。

收获体会

请写出本次上机实习的收获与体会。

上机实习 3－3　设置字符格式(一)

上机时间：____年__月__日　　第____节　上机地点：________　指导教师：________

上机目标

1. 掌握字符格式设置的内容和方法；
2. 完成字符格式设置的相关操作。

知识预备

1. 字符格式设置的内容包括：______________________________
2. 字符格式设置的意义是：______________________________

上机内容

1. 在新建的空白文档中录入下面文本框中的内容，并以"Word 的功能"为文件名保存在"D：/＊＊班/我的作业"文件夹下。

> Word2003 是美国微软公司推出的一套办公套件 Office2003 中常用的软件，它具有强大的文字处理能力。Word2003 能实现复杂的图、文、表混排，具体来说，有以下功能：
>
> ①编辑、排版功能；
>
> ②图形处理功能；
>
> ③表格处理功能；
>
> ④图、文、表混排功能；
>
> ⑤Web 页制作功能等。

2. 按照下列样式完成该练习，并以"字符格式"为文件名保存在"D:/＊＊班/我的作业"文件夹下。

> 字形：
>
> 常规　湖南省职业学校
>
> 加粗　**湖南省职业学校**
>
> 倾斜　*湖南省职业学校*
>
> 下划线：
>
> 单下划线　湖南省职业学校
>
> 双下划线　湖南省职业学校
>
> 粗线　湖南省职业学校
>
> 虚下划线　湖南省职业学校
>
> 点－短线下划线　湖南省职业学校
>
> 点－点短线下划线　湖南省职业学校
>
> 波浪线　湖南省职业学校
>
> (下划线种类繁多，还可设置颜色)
>
> 着重号：
>
> 湖南省教育科学研究院
>
> 特殊效果：
>
> 删除线　~~删除线~~
>
> 双删除线　~~双删除线~~
>
> 上标　$X^2 + Y^2 = Z^2$
>
> 下标　$2H_2 + O_2 = 2H_2O$
>
> 阴影　**湖南省职业学校**
>
> 空心　湖南省职业学校

收获体会

请写出本次上机实习的收获与体会。

上机实习 3-4 设置字符格式(二)

上机时间：____ 年__ 月__ 日 第____ 节 上机地点：________ 指导教师：________

上机目标

1. 更加熟练地掌握字符格式设置的方法；
2. 完成字符格式设置的任务操作。

知识预备

用鼠标选定文本的操作方法如表 3-1 所示。

表 3-1 用鼠标选定文本的操作方法

选定内容	鼠标操作方法
英文单词/汉字词语	双击该英文单词或汉字词语
一个段落	双击该段落左侧的选定栏
多个段落	在选定栏中双击并拖动
一行文本	单击该行左侧的选定栏
多行文本	在行左侧的选定栏中拖动
选定行数较多的长文本	从开始点拖动至结束点或单击开始点后再按住 Shift 键单击结束点
整段句子	按住 Ctrl 键单击该句子的任何位置
列方式选定文本	按住 Alt 键不放，从开始点拖动至结束点

上机内容

1. 输入下列文本框中的内容，以“字符格式 2”为名保存在“D：/＊＊班/我的作业”文件夹下。

默认五号宋体　**三号隶书**　**四号黑体**　**字符加粗**

字符倾斜　下画线　波浪线　~~删除线~~　上标　下标

阳文　阴文　**阴影**　空心　底纹　字符缩放150%

字符缩放50%　字 符 间 距 加 宽 3 磅　字符间距紧缩1磅

字符位置提升5磅　字符位置降低5磅　加框

着重号　动态效果　字体红号

2. 输入下列内容，并以“Word 介绍”为名保存在“D：/＊＊班/我的作业”文件夹下。

Word97 是美国微软公司推出的一套办公套件 Office97 中常用的软件，它具有强大的文字处理能力。

Word97 能实现复杂的图文、表混排，具体来说，有以下功能：

- 编辑、排版功能；
- 图形处理功能；
- 表格处理功能；
- 图、文、表混排功能；
- Web 页制作功能等。★

收获体会

请写出本次上机实习的收获与体会。

上机实习 3－5　字符格式提高练习

上机时间：____ 年__ 月__ 日　第____ 节　上机地点：________　指导教师：________

上机目标

学会数学公式等特殊文档内容的录入。

知识预备

1. 插入公式

利用 Word 的插入公式功能，可以将多种数理化公式插入到文档中。

操作方法：单击“插入”菜单→“对象”选项→“新建”→“Microsoft 公式”，启动“公式”工具栏，即出现一对象框，根据需要录入公式。例如：

$$\sin^2\theta = \frac{\tan^2\theta}{1+\tan^2\theta} = \frac{1-\cos2\theta}{2}$$

2. 中文版式

在 Word 的“格式”菜单下有一个“中文版式”选项，其中有“拼音指南”“带圈字符”“合并字符”“纵横混排”和“双行合一”等命令。这些命令可制作出很多的特殊效果。

操作方法：单击“格式”菜单→“中文版式”→“拼音指南”或者“其他格式”工具栏上快捷按钮。

(1) 拼音指南（pīn yīn zhǐ nán）：即给字符加上拼音。

注意：①拼音对齐方式；②拼音字号。

(2) 带圈字符：给字符加上圈号。

注意：①样式；②圈号。

(3) 纵横混排：合文档在同一行中实现有横排字符，也有纵排字符。

注意：适应行宽。

(4) 合并字符：把选定的多个字符组合成一个字符，字符数不大于 6 个。

注意：①字符字体；②字符字号。

(5) 双行合一：把两行的文字合并到仅占用一行的位置来显示。

注意：①带括号；②括号类型。

上机内容

启动 Word，输入下列文本框中的内容，并以“字符格式 3”为名保存在“D：/ ＊ ＊班/我的作业”文件夹下。

① $X_1^2 + X_2^2 = 9$

② $\frac{X}{Y} + \frac{X}{Y} = 1$

③ $\sqrt{a} + 3\sqrt[3]{b}$

④ 我们职校是培养技师的摇篮

⑤ *我们是建设国家的栋梁*

⑥ 《我的大学》……

⑦在文档中插入下列公式：

$$\tan\frac{\theta}{2} = \pm\sqrt{\frac{1-\cos\theta}{1+\cos\theta}} = \frac{\sin\theta}{1+\cos\theta} = \frac{1-\cos\theta}{\sin\theta}$$

⑧按下列样稿进行“中文版式”设置：

wǒ men zhí xiào shì péi yǎng jì shī de yáo lán
我 们 职 校 是 培 养 技 师 的 摇 篮

金新市职业教育成人教育研究会文件

学生学年总结表

收获体会

请写出本次上机实习的收获与体会。

上机实习 3 -6 段落格式设置(一)

上机时间：____ 年__ 月__ 日 第____ 节 上机地点：________ 指导教师：________

上机目标

1. 掌握 Word 段落间距、行距、对齐方式的设置；
2. 掌握边框和底纹、首字下沉等设置。

知识预备

1. 设置段落格式

设置段落格式是指对段落进行缩进、对齐方式、行间距和段间距等设置以确定整个段落的外观。

2. 设置项目符号和编号

操作方法：单击“格式”|“项目符号和编号”选项。

在段落中添加项目符号和编号可使文档条理清楚和重点突出，提高文档编辑速度。

上机内容

1. 录入文档“受人欢迎的四句话”，并保存在“D：/ ＊ ＊班/我的作业”文件夹下。

受人欢迎的四句话

一、为受窘的人说一句解围的话。助人不只是金钱、劳力、时间上的付出，说话也可以帮助别人。例如，有些人处在尴尬得不知如何下台的窘境时，你及时说出一句帮他解围的话，也是助人的一种。

二、为沮丧的人说一句鼓励的话。西谚云："言语赋予我们的功用，是在我们之间作悦耳之辞。"什么是悦耳之辞？就是说好话。说好话让人如沐春风，让人生发信心。遇到因受挫而心情沮丧的人，给他一些鼓励，一些鼓舞信心的话，就是以言语给他人力量。

三、为疑惑的人说一句点醒的话。荀子说："赠人以言，重于金石珠玉。"遇到徘徊在人生路口的人、对生命有疑惑的人，及时用一句有用的话点醒，有时会改变他的一生，甚至挽回一条性命。

四、为无助的人说一句支持的话。无助的人信心不足，需要他人给予肯定才有力量。这样的人经常生活在别人的善恶语言中，一句话可以改变他的心情好坏。面对无助的人，我们应该多讲给予支持的话，让他对自己生发信心、肯定自我。

摘自《爱你》

2. 段落格式设置：

(1)打开文档"受人欢迎的四句话"。

(2)设置文档的标题"受人欢迎的四句话"为黑体，三号，加灰色底纹，居中对齐，设置"受人欢迎"四个字为中文加圈格式。

(3)将正文所有段落首行缩进 2 字符，行距设为 1.5 倍行距，字符设为楷体_GB2312，四号。

(4)设置正文第 1 段首字下沉，字符下沉行数为 2 行，段后间距为 1 行。

(5)借助格式刷设置正文第 1 ~4 自然段的第一句话为加粗、倾斜、蓝色。并对正文第 1 自然段落设置分栏效果。

(6)设置第 4 自然段段前间距为 1.5 行，段落左右各缩进 2 个字符，并给该段加上黑色阴影边框，宽度为 3 磅，并添加灰色 -5% 底纹。

(7)设置"摘自"最后一段右对齐。

(8)排版完毕，以原文件名原位置保存文档。

收获体会

请写出本次上机实习的收获与体会。

上机实习 3-7 段落格式设置(二)

上机时间：____ 年__ 月__ 日 第____ 节 上机地点：________ 指导教师：________

上机目标

掌握边框和底纹的设置。

知识预备

边框和底纹设置方法：单击“格式”|“边框和底纹”选项。

1. 边框：给字符或段落加边框。

注意设置以下要素：

①框形；②边框线形；③边框线颜色；④边框线宽度；⑤边框应用范围。

2. 页面边框：给整个页面加边框。

注意设置以下要素：

①设置框形；②边框线形；③边框线颜色；④边框线宽度；⑤艺术型边框；⑥边框应用范围。

3. 底纹：给字符或段落加底纹。

注意设置以下要素：

①颜色填充；②图案底纹；③底纹应用范围。

上机内容

新建一文档，录入稿样中字符，并设置稿样格式，以“低不就则高不成.doc”为名，保存在“D：/ * * 班/我的作业”文件夹中。

(1)要求如下：

①标题：微软雅黑、三号，段前 2 行，段后 2 行；

②正文：楷体、小四号，1.5 倍行距；

③第一段：“低不就，高不成”加着重号，“登高自卑”加粗，“盖高……向下挖掘“加波浪下划线”。

④第二段：“低不就则高不成”倾斜、加粗。

(2)样文如下：

低不就则高不成

人们常说："高不成，低不就。"我则爱讲"低不就，高不成。"因为一个人如果不愿意迁就较低的工作，就往往不能在未来有更高的发展。"登高自卑"，盖高楼的第一步不是往上搭建，而是向下挖掘。拿破仑是由炮兵干起，卓别林是从跑龙套的演员起步，如果他们当年不迁就那个低微的工作，可能有日后的成就吗？

所以我要说："***低不就则高不成***。"

收获体会

请写出本次上机实习的收获与体会。

上机实习3-8　段落格式提高练习

上机时间：____年__月__日　第____节　上机地点：________　指导教师：________

上机目标

掌握"页面设置""打印预览""打印"等基本操作。

知识预备

页面设置的主要内容包括以下方面：

(1)页边距：页边距(上、下、左、右)，页面方向；

(2)纸张：纸型，即纸张大小(A3、A4、B4、B5、自定义大小)；

(3)版式：节，页眉和页脚位置；

(4)文档网格：文字排列方向，网格，字符数，行数。

上机内容

新建一文档，录入稿样中字符，并设置稿样格式，以“温室效应.doc”为名，保存在“D:/＊＊班/我的作业”文件夹中。

(1)操作要求：

①标题：微软雅黑，小二，居中，字符间距加宽2磅，段前2行，段后2行；

②第一段：宋体四号，1.5倍行距，首行缩进2字符，加粗，倾斜，下划线；

③第二段：仿宋四号，1.5倍行距，段前1行，段后1行，首行缩进2字符，左、右缩进2字符，段落边框，细－粗间隔线型，3磅；

④第三段：幼圆四号，1.5倍行距，首行缩进2字符，字符底纹：浅色上、下斜线；

⑤页面边框：艺术型；

⑥页面设置：B5大小，上、下边距2.5厘米，左、右边距3厘米。

(2)样文如下：

温室效应

由于温室气体的发散，全球气温比上个世纪上升了0.6℃，各地的天气因此变得更加恶劣。因沙尘暴、洪水和干旱引起的灾难数量从*1996*年的**200**起达到*2000*年的**400**起。下个世纪，气温估计还会升高6℃，届时地中海地区将炎热难耐，而伦敦有70%可能被水淹没。

厄尔尼诺现象现在每两年发生一次，升温的海水从太平洋西部流向东部，给美国西海岸带去干旱和风暴；阿尔卑斯山永冻层的融化使瑞士的许多城镇和乡村面临山体滑坡的危险；而分布于全世界的众多山脉则有可能因冰雪消融而坍塌。

我们众知地球正在变暖，但我们不知道的是，事情将会有多糟——温室效应会不会失去控制，气温持续升高，地球变得像金星，外部被大量温室气体环绕，内部则犹如一个燃烧着的锅炉。

收获体会

请写出本次上机实习的收获与体会。

上机实习 3-9　编辑 Word 长文档

上机时间：____ 年__ 月__ 日　第____ 节　上机地点：________ 指导教师：________

上机目标

1. 能够运用文本编辑操作的基本方法；
2. 知道简单的文档版面和复杂的文档版面及排版的特点。

上机内容

1. 在“D：/＊＊班/我的作业”文件夹中新建文档“IT 俱乐部邀请书”，录入样文中内容。
2. 标题“IT 俱乐部邀请书”设置为方正兰亭黑_YS_GB18，小二，居中对齐，英文字体设置为 Lucida Console，段前和段后间距各为 0.5 行。
3. 借助于格式刷，设置“社团简介”“服务宗旨”“会员须知”“专题活动”“加入流程”“联系我们”小标题为黑体，四号，字符加灰色底纹；“社团简介”“服务宗旨”“会员须知”“联系我们”后面的文字设置为黑体，小四，小标题所在段落行距设置为 1.5 倍行距。
4. 设置“IT 俱乐部只欢迎……”和“填写申请表”两段文本为宋体，小四，段落行距为 1.25 倍行距，设置“填写申请表”该段左缩进 5 字符。
5. 设置“专题活动”后的五个段落的字体为宋体，小四，段落行距为 1.25 倍行距，左缩进 5 字符，并插入样文所示的项目符号。
6. 设置“IT 学生社团”段落段前间距为 2 行，选定最后两段，设置其字体为楷体_GB2312，小四，段落行距为 1.25 倍行距，右对齐。
7. 在页眉处输入“信息时代任我行”，设置为宋体，五号，右对齐，并对每个字设置为样文所示的中文加圈格式。在页脚处输入“诚邀加盟 共享快乐”，设置为五号，宋体，左对齐，同时为文字添加蓝色、3 磅、带阴影边框，为页脚添加黑色，双线页脚线，粗细为 2.5 磅。
8. 执行“格式”|“背景”|“填充效果”命令，在“填充效果”对话框的“纹理”选项卡中选择设置文档的背景为“羊皮纸”。
9. 设置文档的纸张大小为 B5，上下左右页边距为 2 厘米。
10. 保存排版后的文档。结果样式如图 3-1 所示。

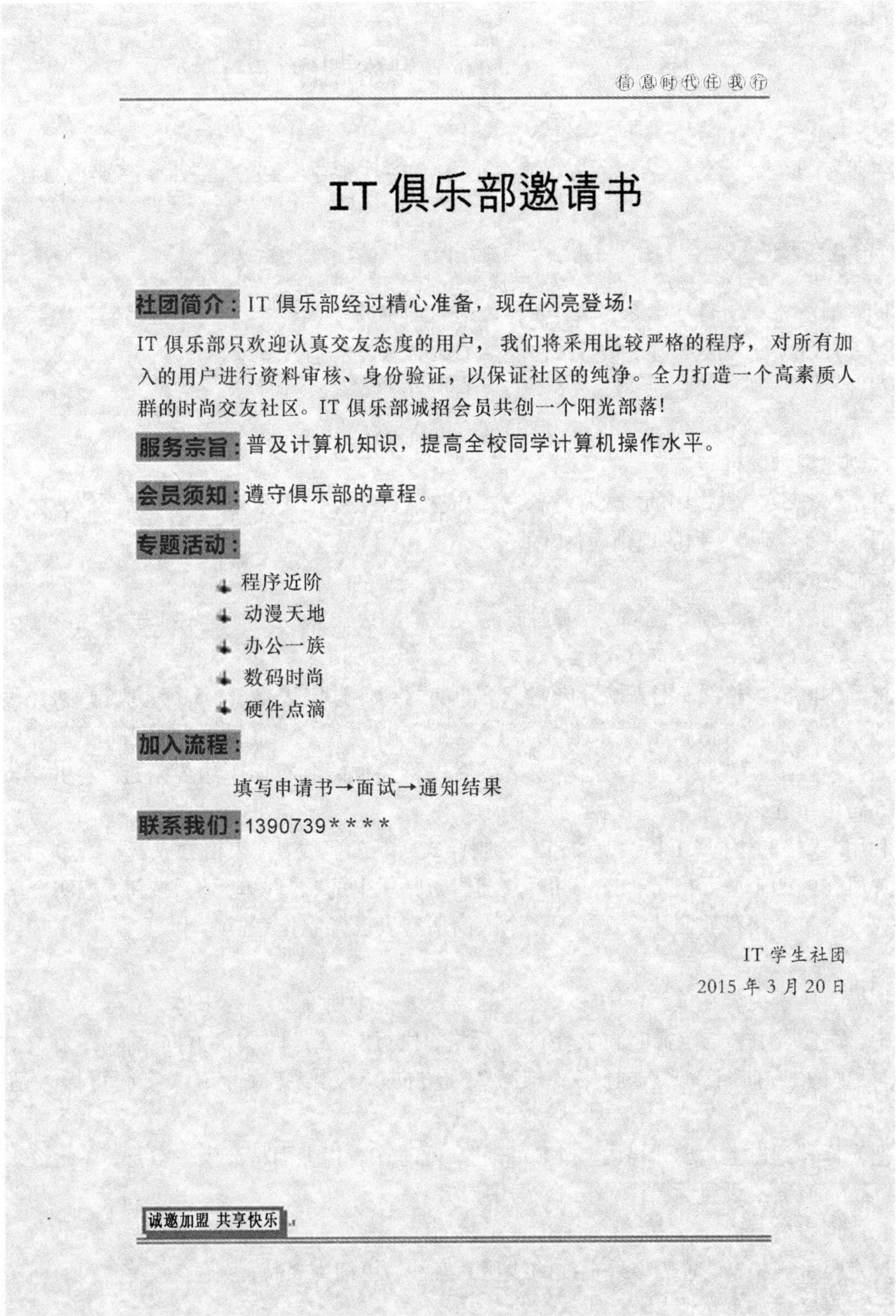

信息时代任我行

IT 俱乐部邀请书

社团简介： IT 俱乐部经过精心准备，现在闪亮登场！

IT 俱乐部只欢迎认真交友态度的用户，我们将采用比较严格的程序，对所有加入的用户进行资料审核、身份验证，以保证社区的纯净。全力打造一个高素质人群的时尚交友社区。IT 俱乐部诚招会员共创一个阳光部落！

服务宗旨： 普及计算机知识，提高全校同学计算机操作水平。

会员须知： 遵守俱乐部的章程。

专题活动：

- 程序近阶
- 动漫天地
- 办公一族
- 数码时尚
- 硬件点滴

加入流程：

填写申请书→面试→通知结果

联系我们： 1390739＊＊＊＊

IT 学生社团

2015 年 3 月 20 日

诚邀加盟 共享快乐

图 3－1 结果样式

上机实习 3-10 表格制作(一)

上机时间：____ 年__ 月__ 日__ 第____ 节 上机地点：________ 指导教师：________

上机目标

1. 掌握表格的创建与绘制方法，表格的选定与编辑方法；
2. 掌握表格中字体和段落的设置，表格的边框设置。

上机内容

1. 创建规则表格

单击“常用”工具栏中的“插入表格”按钮或执行“表格”|“插入”|“表格命令”，在文档开始处插入一个 15 行 2 列的规则表格。

2. 修改表格

在规则表格的基础上，修改成所需要的人才档案表。修改之前首先打开“表格和边框”工具栏。

拖动中间的表格线，把表格分成宽窄不同的两列。选定表格 1～5 行，执行“表格”|“表格属性”命令，在“表格属性”对话框的“行”选项卡的“行”区域，设置“指定高度”为“0.8 厘米”，“行高度值”为“最小值”。拖动表格最后一行边框线到页面下边界附近，合并第 6、11、14、15 行中单元格。

利用“表格和边框”工具栏上的铅笔绘制样式所示的竖线，把表格分成若干个单元格。选定照片所在的四个单元格，单击“表格和边框”工具栏上的“合并单元格”按钮，把四个单元格合并成一个单元格存放照片。这样一张个人简历空表已经制作完毕。

3. 编排文字

按样表所示内容在单元格中输入文字，设置表格中所有文字为宋体，五号字，加粗，水平居中，垂直居中。选定需竖排文字的单元格，执行“格式”|“文字方向”命令，在“文字方向”对话框的“方向”区域，选择第 2 排第 2 列方向（输入竖排文字时文字间可插入适当空格）。

把光标移到左上角单元格内，按 Enter 键，此时在表格上面将产生一空行，在此输入表格标题“个人简历”，设置为黑体，小二，居中对齐。

4. 修饰表格

选定整个表格，设置表格外框线的线型为实线，粗细为 3 磅，颜色为黑色。

5. 结果样式如下：

个 人 简 历

<table>
<tr><td>姓名</td><td></td><td>性别</td><td></td><td>出生
年月</td><td></td><td rowspan="4">照
片</td></tr>
<tr><td>民族</td><td></td><td>政治
面貌</td><td></td><td>身高</td><td></td></tr>
<tr><td>学制</td><td></td><td>学历</td><td></td><td>籍贯</td><td></td></tr>
<tr><td>专业</td><td></td><td colspan="2">毕业学校</td><td colspan="2"></td></tr>
<tr><td colspan="2">技能、特长或爱好</td><td colspan="5"></td></tr>
<tr><td colspan="7">学 习 经 历</td></tr>
<tr><td colspan="2">时 间</td><td colspan="5">经 历</td></tr>
<tr><td colspan="2"></td><td colspan="5"></td></tr>
<tr><td colspan="2"></td><td colspan="5"></td></tr>
<tr><td colspan="2"></td><td colspan="5"></td></tr>
<tr><td colspan="7">联 系 方 式</td></tr>
<tr><td>通讯地址</td><td colspan="3"></td><td>联系电话</td><td colspan="2"></td></tr>
<tr><td>QQ 号码</td><td colspan="3"></td><td>邮 编</td><td colspan="2"></td></tr>
<tr><td colspan="7">自 我 评 价</td></tr>
<tr><td colspan="7"></td></tr>
</table>

收获体会

请写出本次上机实习的收获与体会。

上机实习3－11　表格制作(二)

上机时间：____ 年__ 月__ 日　　第____ 节　上机地点：________ 指导教师：________

上机目标

1. 掌握表格的制作；
2. 掌握表格中公式的插入。

上机内容

制作如图3－2所示的“蓝光电脑公司三月份工资表”。

要求：应发合计＝基本工资＋职务津贴，实发工资＝应发合计－扣除合计。通过公式插入的方法计算并且填写应发合计、实发工资和单项合计。

操作步骤如下：

姓名	应发			扣除		实发工资
	基本工资	职务津贴	合计	退休保险	住房基金	
李明法	3000	900		190	50	
王晓梅	2500	600		145	50	
高飞	2000	450		105	50	
刘上峰	3500	1200		220	50	
合计						

图3－2　蓝光电脑公司三月份工资表

1. 创建规则表格

单击“常用”工具栏中的“插入表格”按钮或执行“表格”|“插入”|“表格命令”，在文档开始处插入一个7行7列的规则表格。

2. 修改表格

选定第1行第1列和第2行第1列两个单元格，在快捷菜单中选择“合并单元格”命令，把这两个单元格合并成一个。按同样的方法合并第1行第2、3、4列三个单元格，第1行第5、6列两个单元格和第1行第7列和第2行第7列两个单元格。

拖动表格右下角的缩放手柄“□”，按下左键拖动表格如图3－2所示大小。

3. 编排文字

按样表所示内容在单元格中输入文字，选定整个表格，设置其字体为宋体，五号字，加粗，水平居中，垂直居中。然后选择第一列(除第一行)所有单元格，设置其对齐方式为水平居左，垂直居中。

输入表格标题“蓝光电脑公司三月份工资表”，设置为黑体，小三，居中对齐。

4. 表格中数据的计算

(1)计算每个人的应发工资

①将插入点定位到李明法的应发合计单元格中。

②执行“表格”|“公式”命令，在“公式”栏中显示计算公式“ = SUM(LEFT)”。其中“SUM”表示求和，“LEFT”表示是对当前单元格左面(同一行)的数据求和。也可以在“公式”栏中输入“ = B3 + C3”。

③单击“确定”按钮，计算结果3900就自动填到单元格内。

按以上步骤，可以求出其他三人的应发合计。

(2)计算每个人的实发工资

将插入点定位到李明法的实发工资单元格中，打开“公式”对话框，在“公式”栏中输入“ = D3 - E3 - F3”，单击“确定”按钮，计算结果3660就自动填到单元格内。

按同样的方法可以求出其他三人的实发工资。

(3)计算单项合计

将插入点定位到基本工资合计单元格中，打开“公式”对话框，在“公式”栏中输入“SUM(ABOVE)”或“ = B3 + B4 + B5 + B6”，单击“确定”按钮，计算结果11000就自动填到单元格内。

按同样的方法可以求出其他单项合计。

5. 修饰表格

设置表格外框线的线型为实线，粗细为2.5磅，颜色为黑色。选定表格第1行和第2行，设置底纹颜色为灰色 -10%。

6. 结果样式如下：

蓝光电脑公司三月份工资表

姓名	应发			扣除		实发工资
	基本工资	职务津贴	合计	退休保险	住房基金	
李明法	3000	900	3900	190	50	3660
王晓梅	2500	600	3100	145	50	2905
高飞	2000	450	2450	105	50	2295
刘上峰	3500	1200	4700	220	50	4430
合计	11000	3150	14150	660	200	13290

收获体会

请写出本次上机实习的收获与体会。

上机实习3－12　表格制作提高练习

上机时间：____年__月__日　第____节　上机地点：________　指导教师：________

上机目标

1. 制作较复杂的表格；

2. 掌握表格的计算和排序。

知识预备

表格的排序的操作方法如下：

(1)通过“表格和边框”工具栏→“升序”“降序”按钮排序；

(2)通过“表格”菜单→“排序”选项排序。

说明：利用“工具栏”按钮排序只能按一个关键字排序，多个关键字排序则需要用“排序”对话框来实现。

上机内容

1. 按下列样稿制作表格，要求边框线为蓝色，完成后以“我的课表.doc”为名，保存到“D：/＊＊班/我的作业”文件夹中。

我的课表

<table>
<tr><th>科目</th><th>星期一</th><th>星期二</th><th>星期三</th><th>星期四</th><th>星期五</th></tr>
<tr><td>第一节</td><td rowspan="2">语文</td><td rowspan="2">数学</td><td rowspan="2">计算机基础</td><td rowspan="2">程序设计</td><td rowspan="2">网页制作</td></tr>
<tr><td>第二节</td></tr>
<tr><td>第三节</td><td rowspan="2">英语</td><td>体育</td><td rowspan="2">语文</td><td rowspan="2">数学</td><td rowspan="2">英语</td></tr>
<tr><td>第四节</td><td>职业道德</td></tr>
<tr><td>第五节</td><td>政治</td><td rowspan="2">计算机基础</td><td rowspan="2">网页制作</td><td rowspan="2">选修课</td><td>体育</td></tr>
<tr><td>第六节</td><td>程序设计</td><td>政治</td></tr>
</table>

图3－3　“水上倒影”样图

2. 创建一张关于“全班同学录”的表格，要求包括姓名、性别、家庭地址、宅电、邮政编码、电子邮箱地址等，以“同学录.doc”为名保存在“D：/＊＊班/我的作业”文件夹中。

3. 按下列样稿制作表格，要求边框线为黑色，底纹为20%灰度的灰色，并计算每种计算机销售数量和每月销售数量，完成后以“销售情况统计表.doc”为名，保存到“D：/＊＊班/我的作业”文件夹中。

金新市数码城计算机销售情况統计表

月份 / 销售量 / 型号		一　月	二　月	三　月	四　月	总台数
计算机	联想	674	345	876	945	
	方正	134	321	246	289	
	实达	145	256	287	321	
合　计						

图 3－4　自选 图形样图

收获体会

请写出本次上机实习的收获与体会。

上机实习 3－13　图片、艺术字、自选图形的应用

上机时间：____年__月__日__第____节　上机地点：________　指导教师：________

上机目标

1. 掌握图片的插入及图片格式设置；
2. 掌握艺术字的插入和设置；
3. 掌握自选图形的插入和设置。

上机内容

1. 按下列样图制作“水上倒影”艺术字，完成后以“美化文档 . doc”为名，保存到“我的作业”文件夹中。

水上倒影

图 3－3 “水上倒影”样图

2. 打开“美化文档 . doc”文档，按样图 3－4 制作自选图形，完成后仍保存在“我的作业”文件夹中。

图 3－4 “自选图形”样图

3. 编辑“IT 俱乐部邀请书”

（1）打开文档“IT 俱乐部邀请书”。

（2）删除原标题，把原标题换成艺术字，艺术字字体为方正兰亭黑，32 号，形状为桥型，设置艺术字文字环绕方式为上下型，放置到如图 3－5 所示样文位置。

（3）单击“自选图形”|“星与旗帜”|“爆炸型 1”，在文档中添加自选图形，并添加文字“快来报名!”，设置文字为宋体，蓝色，四号。为自选图形填充颜色“橙色”，填充效果为“小纸屑”，三维效果样式为第二行第四个。放置到图 3－5 所示样文位置。

（4）在文档中插入剪贴画，设置图片大小高为 5 厘米，选中“锁定纵横比”选项，图片版式为四周型。放置到图 3－5 所示样文位置。

信息时代任我行

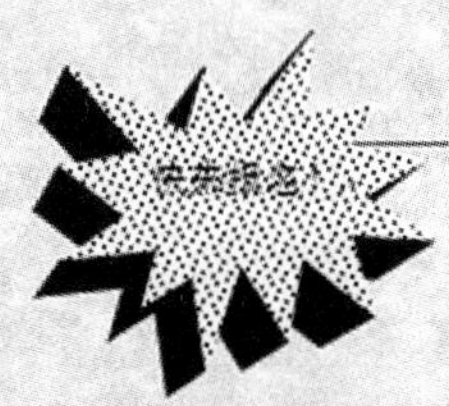

IT俱乐部邀请书

社团简介：IT 俱乐部经过精心准备，现在闪亮登场！

IT 俱乐部只欢迎认真交友态度的用户，我们将采用比较严格的程序，对所有加入的用户进行资料审核、身份验证，以保证社区的纯净。全力打造一个高素质人群的时尚交友社区。IT 俱乐部诚招会员共创一个阳光部落！

服务宗旨：普及计算机知识，提高全校同学计算机操作水平。

会员须知：遵守俱乐部的章程。

专题活动：

- 程序近阶
- 动漫天地
- 办公一族
- 数码时尚
- 硬件点滴

加入流程：

填写申请书→面试→通知结果

联系我们：1390739****

IT 学生社团
2015 年 3 月 20 日

诚邀加盟 共享快乐

图 3－5　样文

收获体会

请写出本次上机实习的收获与体会。

上机实习 3 – 14　简报的制作

上机时间：____ 年__ 月__ 日　第____ 节　上机地点：________ 指导教师：________

上机目标

熟练掌握图文混排的应用。

上机内容

1. 新建一个名称为“音乐家贝多芬”的文档。

2. 设置简报的版面，将简报大致分成 8 块，如图 3 – 6 所示。

3. 设置文档的纸张大小为 B5，上下左右页边距为 2.5 厘米。

4. 编排各板块的内容

(1) 版块 1：输入标题文字，设置为黑体，三号，白色，居中，为标题段落填充浅蓝色底纹。

(2) 版块 2：在版块 2 位置插入一张贝多芬图片，设置图片高度为 6 厘米，选定“锁定纵横比”复选框，环绕方式为四周型。插入一个文本框，设置边框为无线条颜色；在其中输入图片标注“贝多芬”，设置为宋体，小五号；放置在图片正下方。

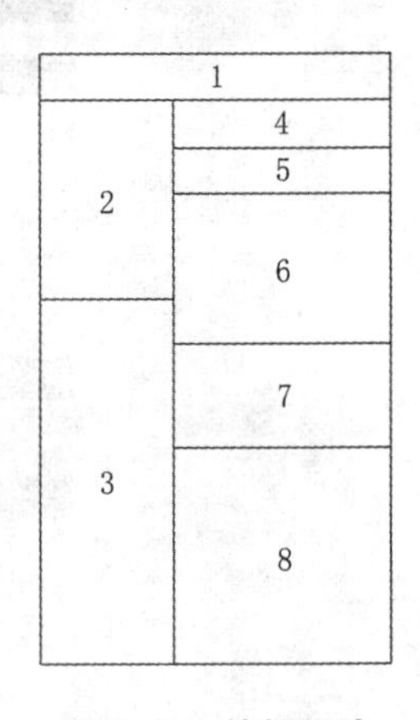

图 3 – 6　简报设计

(3) 版块 3：在版块 3 位置插入一个文本框，设置边框为无线条颜色，填充颜色为浅蓝色；在其中输入图 3 – 6 样文所示文字，设置为楷体 – GB2312，五号，首行缩进 2 字符。

(4) 版块 4：在版块 4 位置插入艺术字“著名音乐家”，设置为宋体，20 号，选择其样式为“艺术字库”第 2 行第 1 列的样式。

(5) 版块 5：在版块 5 位置插入一个文本框，设置边框为无线条颜色，在其中输入图 3 – 6 样文所示文字，设置为宋体，五号，首行缩进 2 字符。

(6) 版块 6：在版块 6 位置插入一个自选图形中的圆角矩形，设置边框为无线条颜色，填充颜色为浅蓝色，在其中输入图 3 – 6样文所示文字，设置为楷体 – GB2312，五号，首行缩进 2 字符。

(7) 版块 7：在版块 7 位置插入一个文本框，设置边框为无线条颜色，填充颜色为浅黄色，阴影样式为第 4 行第 2 个；在其中输入图 3 – 6样文所示文字，汉字设置为隶书，小四，英文字体设置为 Dotum，五号，段落首行缩进 2 字符。

(8) 版块 8：在版块 8 位置插入一个文本框，设置边框为无线条颜色，在其中输入图 3 – 6 样文所示文字，设置为宋体，五号，首行缩进 2 字符。接着插入一张贝多芬故居图片，设置图片高度为 6.5 厘米，选定“锁定纵横比”复选框，环绕方式为四周型。最后插入一个文本框，设置边框为无线条颜色；在其中输入图片标注“贝多芬故居”，设置为宋体，小五号，放置在图片正下方。

5. 保存文档。

世界的文化杰作

贝多芬

著名音乐家

德国的贝多芬是伟大的作曲家，也是一位资产阶级革命运动的热情歌颂者。

贝多芬 26 岁时不幸患了中耳炎。到 1820 年，两耳完全失聪，这对一个音乐家来说是个沉重的打击。但是，贝多芬并没有屈服，为克服失聪带来的困难，贝多芬曾用一支小木杆，一端插在钢琴箱里，一端咬在牙齿中间，在作曲时用来听音。这个特别的听音器，至今还保存在贝多芬博物馆里。

德国大音乐家贝多芬是一位富有正义感的人。有一次，他的一个公爵朋友邀请贝多芬为住在他官邸的法国军官们演奏。贝多芬对侵略他国的法军非常反感，没有接受邀请。公爵很生气，下令贝多芬必须为他的军官朋友们演奏。贝多芬断然拒绝，而且还把公爵送给他的一尊塑像摔碎。后来，他在给公爵的一封信中说："公爵！"你所以成为公爵，不过是因为偶然的出身罢了。而我所以成为贝多芬则完全是靠我自己的努力；像你这样的公爵比比皆是，将来也少不了，而我贝多芬仅此一个。

我要扼住命运的咽喉，它决不能使我屈服。

I will take fate by the throat, It will not bend me completely to its will.

——贝多芬

第三交响曲《英雄交响曲》是贝多芬的代表作之一，完成于 1840 年，是应法国驻维也纳大使的邀请为拿破仑写的。它是贝多芬第一部明确反映重大社会题材的交响乐作品，标志着贝多芬在思想上和艺术上的成熟。这首交响曲从内容到形式都富于革新精神，感情奔放，篇幅宏大。

贝多芬故居

图 3－6 "简报制作"样文

收获体会

请写出本次上机实习的收获与体会。

上机实习3－15　图文混排

上机时间：____年__月__日　第____节　上机地点：________ 指导教师：________

上机目标

1. 熟练掌握图文混排的应用；
2. 掌握Word文档综合处理能力。

上机内容

新建一文档，录入稿样中字符，并设置稿样格式，以“好学不倦.doc”为名，保存在“我的作业”文件夹中。

页面设置：纸型，B5；上、下边距2.5厘米；左、右边距3厘米；

标题：隶书、二号，红色，段前1行，段后0.5行；

正文：小四号，首行缩进2字符，段间距0.5行，行间距固定值27磅；

第一段：仿宋；

第二段：幼圆，倾斜，蓝色字符；

第三段：楷体，左右缩进4.5字符，深黄色字符，波浪下划线，两侧竖排文本框，文本框内字符宋体、五号，自绘彩色图形；

第四段：宋体；

第五段：黑体，橘黄色字符，字符加框。

结果样式如下：

好学不倦……

只有一个洞穴的老鼠很快被捉。

在一个漆黑的晚上，老鼠首领带领着小老鼠出外觅食，在一家人的厨房内，垃圾桶之中有很多剩余的饭菜，对于老鼠来说，就好像***人类发现了宝藏。***

好学不倦 好学不倦 好学不倦 好学不倦

正当一大群老鼠在垃圾桶及附近范围大挖一顿之际，突然传来了一阵令它们肝胆俱裂的声音，那就是一头大花猫的叫声。它们震惊之余，更各自四处逃命，但大花猫绝不留情，不断穷追不舍，终于有两只小老鼠走避不及，被大花猫捉到，正要向它们吞噬之际，突然传来一连串凶恶的狗吠声，令大花猫手足无措，狼狈逃命。

好学不倦 好学不倦 好学不倦 好学不倦

大花猫走后，老鼠首领施施然从垃圾桶后面走出来说：“我早就对你们说，多学一种语言有利无害，这次我就因而救了你们一命。”

温馨提示：“多一门技艺，多一条路。”**不断学习实在是成功人士的终身承诺。**

收获体会

请写出本次上机实习的收获与体会。

上机实习3－16 综合训练(一)

上机时间:____年__月__日 第____节 上机地点:________ 指导教师:________

上机目标

掌握Word文档综合处理能力。

上机内容

按要求完成下列操作。

一、WORD操作题1

录入材料一中的文字,按要求完成操作。

1. 使全文行首的“VPN”下沉3行;
2. 把文中的Internet换为国际互联网;
3. 设定每行中的字符数为39,每页中的行数为40;
4. 给第二段中的第二个“VPN”加上加脚注,内容为“虚拟专用网(VPN)”;
5. 设置页面边框,艺术型苹果,宽度20磅。

材料一:

VPN允许用户可以在家里或路上通过安全的方式连接到远程公司的服务器而进行办公,这其中要经过公共互联网络(例如Internet)提供的基础结构。从用户的观点来看,VPN是用户计算机和公司服务器之间的点对点的连接。中间的网络与用户无关,因为它使得数据好像是在一条专用的链路上传输。

VPN技术也允许一个公司通过公共网络(例如Internet)连接到分支部门或其他的公司,同时又能保持通信的安全性。VPN在Internet上的连接好像是广域网(Wide Area Network,简称WAN)连接。

在所有这些情况下,通过互联网络的安全连接给用户的感觉好像是一个专用网络通信——尽管实事上这些通信发生在公共网络上——由此称为虚拟专用网。

VPN技术用来解决下述问题,目前商务工作日益需要远程通信,而且是广泛分布的全球化操作,这就使得工作人员必须能够连接到中心资源并且相互通信。

二、WORD操作题2

录入材料二中的文字,按要求完成操作。

1. 将正文第二段移至第三段后,并设该段文字为红色。
2. 全文设置段后间距0.5行,各段左缩进2厘米、右缩进1厘米。
3. 标题文字设置“礼花绽放”,并设为蓝色、空心、加粗3号,加文字边框。
4. 插入一图片,使图片环绕格式为“四周型”,并位于第一行下,第二段第一行之间。
5. 对第一段的“北京”作首字下沉处理,下沉位置为2行。

材料二：

> 中国印刷市场潜力巨大
>
> 北京国际印刷技术展览会出现了少见的景象，许多国外厂商参展的样机纷纷被国内厂商留购，还签订了一批采购合同。
>
> 据印刷展承办单位之一的北京华港展览有限公司总经理谢森树介绍，4 年 1 届的北京国际印刷技术展览会是目前国内规模最大、水平最高的国际印刷展览会，被列为世界六大印刷展之一。
>
> 本届印刷展规模最大、国际参展商最多、档次最高，充分说明了外商看好中国的印刷市场。
>
> 全球著名的印刷企业如德国的海德堡、曼罗兰、高宝，日本的三菱、小森、网屏，瑞士的博斯特、米勒－马天尼，以及柯达宝丽光、爱克发、富士、施乐等都派出强大阵容参展。德国海德堡公司独家包下了面积达 3400 多平方米的二号馆，其他国外厂商的展台规模也十分可观。
>
> 面对外商的咄咄攻势，国内厂商也不甘示弱。北人集团公司和上海印刷包装机械总公司分别包下了面积为 3060 平方米的六号馆和七号馆。北大方正集团、中国乐凯集团第二胶片厂、天津东洋油墨厂等国内知名企业也推出最新研制的产品和技术参加展览。

收获体会

请写出本次上机实习的收获与体会。

上机实习 3－17　综合训练(二)

上机时间：____年__月__日　　第____节　上机地点：________　指导教师：______

上机目标

掌握 Word 文档综合处理能力。

上机内容

一、WORD 操作题 3

录入材料三中的文字，按要求完成操作。

1. 第一段和第二段悬挂缩进 0.75 厘米；

2. 左缩进 2 厘米，右缩进 3 厘米；

3. 给“ 设计 TCP/IP 协议栈的目标是”各项加上项目编号，格式为：1)；

4. 给第一段中的 TCP 加上脚注，内容为“传输控制协议”；

5. 删除最后一段。

材料三：

Microsoft 已经采用 TCP/IP 作为其平台的企业网络传输战略。90 年代初期 Microsoft 开始了一项雄伟的工程，即建立一个 TCP/IP 协议栈和服务，通过这些来大大地改善 Microsoft 网络产品的可伸缩性。随着 Windows NT 3.5 操作系统的发布，Microsoft 对 TCP/IP 协议栈进行了彻底的改写。这个新的协议栈可以合并以前开发产品的很多性能优点，并且简化了管理。这个协议栈是基于工业标准 TCP/IP 协议，并且是一个高性能、32 位可移植的。它随着 Windows NT 版本升级而添加了许多新的特性和服务，增强了系统的性能和可靠性。

设计 TCP/IP 协议栈的目标是：

与标准兼容

互操作性

可移植性

可伸缩性

二、WORD 操作题 4

录入材料四中的内容，按要求完成操作。

1. 将正文各段的段后距设置为 10 磅(不含题目内容)；

2. 将本文中所有英文字母都改为大写；

3. 把第二段文中 21 后的数字置为上标；

4. 给第一段文字加上阴影，小三，并设置“赤水深情”动态效果；

5. 将第二段文字内容分两栏设置。

材料四：

TCP/IP 是全球的网络协议，特别是对采用因特网技术的协作企业网，并且每个 TCP/IP 网络必须分配一个唯一的地址。但是，传统的配置和管理 TCP/IP 网络客户是费时的且费用昂贵。正因为如此，Microsoft 作为 Internet 工程任务组(IETF)的成员，率先采用动态 IP 地址技术，并和其他的 IETF 成员协同工作创建动态主机配置协议(DHCP)解决方案，把网络管理员从手工的配置计算机工作中解放出来。

DHCP 是公开的基于标准的，由 IETF Requests for Comments (RFCs) 2131 和 2132 定义。能够自动配置连接在 TCP/IP 网络上的主机，当主机连接到网络时改变其设置。这样就允许所有可用的地址和相关的配置信息(诸如子网掩码、网关和 DNS 服务器地址)存储到一个中央数据库中。

DHCP 简化了网络管理员的工作——特别是对大型网络来说。若没有动态地址分配，就必须逐一的配置客户 。IP 地址必须进行管理避免重复使用，必须手工改变用户设置。没有集中配置信息，并且很难得到所有的客户配置信息。

收获体会

请写出本次上机实习的收获与体会。

上机实习 3－18　综合训练(三)

上机时间：____ 年 __ 月 __ 日　　第 ____ 节　上机地点：________ 指导教师：________

上机目标

掌握 Word 文档综合处理能力。

上机内容

一、WORD 操作题 5

录入材料五中的内容，按要求完成操作。

1. 加文章标题为“寻找大素数”。
2. 设标题文字为“华文彩云”、3 号、绿色、位置为居中。
3. 将正文段落间距设为段前 2 行、段后 0 行，并设置正文字体为 4 号、字间距为 0.5 磅。
4. 为“2 的 3021377 次幂减 1”加脚注，脚注内容为：“$2^{3021377}-1$”。
5. 将第 2、3 段内容加上底纹，图案为浅色横线、图案颜色为粉红色。

材料五：

美国加州州立大学一名学生利用电脑发现了目前已知的最大素数。

据一个寻找大素数的 Internet 项目日前发布的报告，19 岁的罗兰·克拉克森发现的素数是 2 的 3021377 次幂减 1。这是一个 909526 位数，如果用普通字符将这个数字连续写下来，它的长度可达 3000 多米。罗兰·克拉克森利用课余时间计算了 46 天，在 1 月 27 日终于证明了这是一个素数。

罗兰·克拉克森是参与“Internet 梅森素数大寻找”项目的 4000 名志愿者之一。2 的素数次幂减 1 可能是素数，这一素数被称为梅森素数，是 17 世纪法国数学家马林·梅森提出的猜想。罗兰·克拉克森发现的是第 37 个梅森素数，也是与“大寻找”Internet 联通的、由个人电脑发现的第 3 个新素数。

素数又称为质数，是在大于 1 的整数中只能被 1 和其自身整除的数。寻找大素数具有实际应用价值，它促进了分布式计算技术的发展。用这种方法有可能实现使用大量个人电脑来做本来要用超级计算机才能完成的项目。此外，在寻找大素数的过程中，人们必须反复乘以很大的整数。

二、WORD 操作题 6

录入材料六中的内容，按要求完成操作。

1. 将文中所有的“楚国”全部改成 “魏国”且字颜色为蓝色。
2. 取消标题“围魏救赵”，将该内容设为艺术字，适当调整大小后设为正文背景。
3. 设置“公元前三五三年，……”所在段落的行间距为 3.4 倍行距。
4. 将“田忌想带兵直接去邯郸解围，……”所在段落加上 20% 的绿色底纹。
5. 为标题加上尾注，尾注文字为“这句成语出自《史记·孙子吴起列传》中记载的一段历史故事。”(不包括引号)。

材料六:

围魏救赵

“围魏救赵”是我国历史上一个很有名的战例。

公元前三五三年，楚国名将庞涓统率大军进攻赵国，大破赵兵，包围了赵国的首都邯郸。赵国急忙向齐国求救，齐威王就派田忌作将军，孙膑作军师，出兵求援。

田忌想带兵直接去邯郸解围，但是孙膑不同意。他说：“解一团乱丝，只能细心地慢慢分解，不能强拉硬扯；劝止打架，只能好好说理排解，不能自己也插身进去打起来。如今楚国进攻赵国，它的精锐部队一定都开到战场上去了，国内只剩下些老弱残兵。我们不如直接打进楚国去，袭击楚国的都城大梁(今河南开封市)，这样一来，楚国的军队长途跋涉赶回本土，我军以逸待劳，正好痛击他们。”

田忌觉得很有道理，就与孙膑率领大军一直冲进楚国。把楚国留守本土的军队杀得七零八落。

庞涓突然得到警报，又惊又怒，急忙领着魏兵从赵国拼命赶回。不料魏兵来到桂陵(今山东菏泽县东北)，又中了齐军的埋伏，伤亡了许多人马，几乎全军覆没，庞涓在乱军中突围逃跑了。

孙膑就是这样，用攻打楚国的办法来解救赵国的危困。以后人们把这个故事概括为“围魏救赵”这一成语，用来比喻战争中避实击虚的战法。

收获体会

请写出本次上机实习的收获与体会。

WORD 文字处理练习题

一、单项选择题

1. Word 2003 文档扩展名的缺省类型是(　　)。

A. DOC　　B. DOT　　C. WRD　　D. TXT

2. 在 Word 2003 中，当前输入的文字被显示在(　　)。

A. 文档的尾部　　B. 鼠标指针位置　　C. 插入点位置　　D. 当前行的行尾

3. 在 Word 2003 中，关于插入表格命令，下列说法中错误的是(　　)。

A. 只能是 2 行 3 列　　B. 可以用格式

C. 能调整行、列宽　　D. 行列数可调

4. 在 Word 2003 中，插入分页符，使用的菜单命令是(　　)。

A. “格式”|“字体”　　B. “插入”|“页码”

C. “插入”|“分隔符”　　D. “插入”|“自动图文集”

5. 在 Word 窗口中，标题栏右端的“—”表示(　　)可将 Word 窗口最小化到任务

栏上。

A. 最小化按钮　　B. 最大化按钮　　C. 关闭按钮　　D. 还原按钮

6. 在 Word 2003 的编辑状态中，按钮 的含义是(　　)。

A. 打开文档　　B. 保存文档

C. 创建新文档　　D. 打印文档

7. 在 Word 2003 中，在菜单中可选择“项目符号和编号”的是(　　)。

A. 编辑　　B. 插入　　C. 工具　　D. 格式

8. 在 Word 2003 的编辑状态中，要将一个已经编辑好的文档保存到当前文件夹外的另一指定文件中，正确的操作方法是(　　)。

A. 选择“文件”|“保存”菜单命令　　B. 选择“文件”|“另存为”菜单命令

C. 选择“文件”|“退出”菜单命令　　D. 选择“文件”|“关闭”菜单命令

9. 在 Word 中，单击垂直滚动条▼按钮，可使屏幕(　　)。

A. 上滚一行　　B. 下滚一行　　C. 上滚一屏　　D. 下滚一屏

10. 在 Word 2003 的编辑状态，将剪贴板上的内容粘贴到当前光标处，使用的快捷键是(　　)。

A. Ctrl + X　　B. Ctrl + V

C. Ctrl + C　　D. Ctrl + A

11. 在 Word 2003 的编辑状态中，按钮 表示的含义是(　　)。

A. 打开文档　　B. 保存文档　　C. 创建新文档　　D. 打印文档

12. 直接按(　　)可退出中文 Word。

A. Alt + F4　　B. Esc　　C. Ctrl + F4　　D. Shift + F4

13. 在 Word 2003 的编辑状态中，执行两次“剪切”操作，则剪贴板中(　　)。

A. 仅有第一次被剪切的内容　　B. 仅有第二次被剪切的内容

C. 有两次被剪切的内容　　D. 无内容

14. 在 Word 2003 的编辑状态打开了一个文档，对文档作了修改，进行“关闭”文档操作后(　　)。

A. 文档被关闭，并自动保存修改后的内容

B. 文档不能关闭，并提示出错

C. 文档被关闭，修改后的内容不能保存

D. 弹出对话框，并询问是否保存对文档的修改

15. 在 Word 2003 的编辑状态，打开了“w1. doc”文档，把当前文档以“w2. doc”为名进行“另存为”操作，则(　　)。

A. 当前文档是 w1. doc　　B. 当前文档是 w2. doc

C. 当前文档是 w1. doc 与 w2. doc　　D. w1. doc 与 w2. doc 全部关闭

16. 在 Word 2003 的编辑状态，包括能设定文档行间距命令的菜单是(　　)。

A. “文件”菜单　　B. “窗口”菜单

C. “格式”菜单　　D. “工具”菜单

17. 在 Word 2003 的编辑状态，对当前文档中的文字进行“字数统计”操作，应当使用的

菜单是(　　)。

A. “编辑”菜单　　B. “文件”菜单

C. “视图”菜单　　D. “工具”菜单

18. 在 Word 2003 的编辑状态，先后打开了 d1. doc 文档和 d2. doc 文档，则(　　)。

A. 可以使两个文档的窗口都显示出来

B. 只能显示 d2. doc 文档的窗口

C. 只能显示 d1. doc 文档的窗口

D. 打开 d2. doc 后两个窗口自动并列显示

19. 在 Word 中，超级链接在(　　)菜单下。

A. 工具　　B. 插入　　C. 编辑　　D. 格式

20. Word 2003 下所有命令被分成(　　)个菜单项。

A. 7　　B. 8　　C. 9　　D. 10

21. 在 Word 2003 中，下列哪项不是水平滚动条的左端四个视图切换按钮之一？(　　)

A. 普通视图　　B. 主控文档视图　　C. 页面视图　　D. 大纲视图

22. 新建 Word 文档的快捷键是(　　)。

A. Ctrl + O　　B. Ctrl + S　　C. Ctrl + N　　D. Ctrl + V

23. 在 Word 中，保存文件操作用(　　)。

A. Alt + S　　B. Ctrl + V　　C. Ctrl + W　　D. Ctrl + S

24. 在 Word 2003 的编辑状态，利用下列哪个菜单中的命令可以选定单元格？(　　)

A. “表格”菜单　　B. “工具”菜单

C. “格式”菜单　　D. “插入”菜单

25. 在 Word 2003 的编辑状态，要在文档中添加符号“★”，应当使用哪个菜单中的命令？(　　)

A. “文件”菜单　　B. “编辑”菜单

C. “格式”菜单　　D. “插入”菜单

26. 在 Word 中，如果不用打开文件对话框就能直接打开最近使用过的 Word 文件的方法是(　　)。

A. 常用工具栏按钮　　B. 选择“文件”菜单的“打开”命令

C. “文件”菜单中的文件列表　　D. 快捷键

27. 在 Word 中，用键盘选定整个文档用(　　)。

A. Ctrl + C　　B. Ctrl + End　　C. Ctrl + A　　D. Ctrl + F8

28. 在 Word 2003 的编辑状态，要设置精确的缩进量，应当使用以下何种方式？(　　)

A. 标尺　　B. 样式　　C. 段落格式　　D. 页面设置

29. 在 Word 2003 的编辑状态，三维效果在(　　)工具栏中。

A. 常用　　B. 格式　　C. 绘图　　D. 图片

30. 在 Word 2003 的编辑状态，在文档每一页底端插入注释，应该插入何种注释？(　　)

A. 脚注　　B. 尾注　　C. 题注　　D. 批注

31. 在 Word 2003 中，要给选定段落的左边添加边框，可单击边框工具栏的(　　)按钮。

A. 顶端框线　B. 左侧框线　C. 内部框线　D. 外围框线

32. 在 Word 2003 的编辑状态，进行“替换”操作时，应当使用哪个菜单中的命令？(　)

A. “工具”菜单中的命令　B. “视图”菜单中的命令

C. “格式”菜单中的命令　D. “编辑”菜单中的命令

33. 进入 Word 2003 的编辑状态后，进行中文标点符号与英文标点符号之间切换的快捷键是(　　)。

A. Shift + 空格　B. Shift + Ctrl　C. Ctrl + .　D. Shift + 。

34. 在 Word 2003 工作窗口的“文件”菜单底部列出的文件名表示(　　)。

A. 这些文件已被打开　B. 这些文件已调入内存

C. 这些文件最近被处理过　D. 这些文件正在脱机打印

35. Word 2003 常用工具栏中的“格式刷”可用于复制文本或段落的格式，若要将选中的文本或段落格式重复应用多次，应(　　)。

A. 单击“格式刷”　B. 双击“格式刷”

C. 右击“格式刷”　D. 拖动“格式刷”

36. 在 Word 2003 的编辑状态，当前正编辑一个新建文档“文档 1”，当执行“文件”菜单中的“保存”命令后(　　)。

A. 该“文档 1”被存盘

B. 弹出“另存为”对话框，供进一步操作

C. 自动以“文档 1”为名存盘

D. 不能以“文档 1”存盘

37. 在 Word 2003 的编辑状态，当前编辑文档中的字体全是宋体字，选择了一段文字使之成反白显示，先设定了楷体，又设定了仿宋体，则(　　)。

A. 文档全文都是楷体　B. 被选择的内容仍为宋体

C. 被选择的内容变为仿宋体　D. 文档的全部文字的字体不变

38. 在 Word 2003 的编辑状态，选择了整个表格，执行了表格菜单中的“删除行”命令，则(　　)。

A. 整个表格被删除　B. 表格中一行被删除

C. 表格中一列被删除　D. 表格中没有被删除的内容

39. 在 Word 2003 的编辑状态，为文档设置页码，可以使用(　)。

A. “工具”菜单中的命令　B. “编辑”菜单中的命令

C. “格式”菜单中的命令　D. “插入”菜单中的命令

40. 在 Word 2003 的编辑状态，当前编辑的文档是 C 盘中的 d1. doc 文档，要将该文档拷贝到 U 盘，应当使用(　　)。

A. “文件”菜单中的“另存为”命令　B. “文件”菜单中的“保存”命令

C. “文件”菜单中的“新建”命令　D. “插入”菜单中的命令

41. 在 Word 2003 的编辑状态，共新建了两个文档，没有对该两个文档进行“保存”或“另存为”操作，则(　　)。

A. 两个文档名都出现在“文件”菜单中

B. 两个文档名都出现在“窗口”菜单中

C. 只有第一个文档名出现在“文件”菜单中

D. 只有第二个文档名出现在“窗口”菜单中

42. 在 Word 2003 的编辑状态中，被编辑文档中的文字有“四号”“五号”“16 磅”“18 磅”四种，下列关于所设定字号大小的比较中，正确的是(　　)。

A. “四号”大于“五号”　　B. “四号”小于“五号”

C. “16 磅”大于“18 磅”　　D. 字的大小一样，字体不同

43. 在 Word 2003 的表格操作中，计算求和的函数是(　　)。

A. COUNT　　B. SUM　　C. TOTAL　　D. AVERAGE

44. 在 Word 2003 的编辑状态中，对已经输入的文档进行分栏操作，需要使用的菜单是(　　)。

A. 编辑　　B. 视图　　C. 格式　　D. 工具

45. 在 Word 2003 的编辑状态中，如果要输入希腊字母 Ω，则需要使用的菜单是(　　)。

A. 编辑　　B. 插入　　C. 格式　　D. 工具

46. 在 Word 2003 的文档中插入数学公式，在“插入”菜单中应选的命令是(　　)。

A. 符号　　B. 图片　　C. 文件　　D. 对象

47. 在 Word 2003 中，如果要使文档内容横向打印，在“页面设置”中应选择的标签是(　)。

A. 纸型　　B. 纸张来源　　C. 版面　　D. 页边距

48. 在 Word 2003 中，有的命令之后带有一个省略号“…”，当执行此命令后屏幕将显示(　　)。

A. 常用工具栏　　B. 帮助信息　　C. 下拉菜单　　D. 对话框

49. 在 Word 2003 中，有的命令右端带有“▶”，当执行此命令后屏幕将显示(　　)。

A. 常用工具栏　　B. 帮助信息　　C. 下拉菜单　　D. 对话框

50. 在 Word 2003 中，有的命令右端显示一个“√”的小方框，表示该命令(　　)。

A. 被选定　　B. 没有被选定　　C. 无效的　　D. 不起任何作用

51. Word 2003 的查找和替换功能十分强大，不属于其中之一的是(　　)。

A. 能够查找文本与替换文本中的格式

B. 能够查找和替换带格式及样式的文本

C. 能够查找图形对象

D. 能够用通配字符进行复杂的搜索

52. 在 Word 2003 中，用户可以通过(　　)对文档设置“打开权限密码”。

A. “插入”菜单中的“对象”　　B. “工具”菜单中的“保护文档”

C. “工具”菜单中的“自定义”　　D. “工具”菜单中的“选项”

53. 在 Word 2003 的编辑状态，在同一篇文档内，用拖动法复制文本时(　　)。

A. 同时按住 Ctrl 键　　B. 同时按住 Shift 键

C. 按住 Alt 键　　D. 直接拖动

54. 在 Word 2003 中，如果要复制已选定文字的格式，则可使用工具栏中的(　　)按钮。

A. 复制　　B. 格式刷　　C. 粘贴　　D. 恢复

55. 要在 Word 2003 表格首页的标题行中，产生一条或多条斜线表头，应该使用(　　)实现。

A. “表格”菜单中的“拆分单元格”命令

B. “插入”菜单中的“分隔符”命令

C. “插入”菜单中的“符号”命令

D. “表格”菜单中的“绘制斜线表头” 命令

56. 在 Word 中，要创建一个自定义“词典”，应使用(　　)。

A. 工具菜单中的“词典”命令　B. “选项”对话框中的“拼写”标签

C. “格式”菜单中的“选项”命令　D. “插入”菜单中的“选项”命令

57. 如果想在 Word 2003 主窗口中显示常用工具按钮，应当使用的菜单是(　　)。

A. “工具”菜单　B. “视图”菜单　C. “格式”菜单　D. “窗口”菜单

58. 在 Word 2003 的编辑状态中，为了把不相邻的两段文字交换位置，可以采用的方法是(　　)。

A. 剪切　B. 粘贴　C. 复制 + 粘贴　D. 剪切 + 粘贴

59. 在 Word 2003 中，要显示段落标记，可选择(　　)菜单中的“段落标记”命令。

A. 编辑　B. 视图　C. 插入　D. 工具

60. 在 Word 2003 中，如果双击左端选定栏，可选择(　　)。

A. 一行　B. 多行　C. 一段　D. 一页。

二、填空题

1. Word 2003 是办公套装软件________ 中的一个组件。

2. 在 Word 2003 的编辑状态，要取消 Word 主窗口显示的“常用工具栏”，应使用______菜单中的命令。

3. 在下拉菜单中有的命令之后带有一个省略号“…”，这表示执行此命令后在屏幕上还会显示相应的________ 要求用户回答。

4. 在下拉菜单中有的命令右端带有“▶”，表示这命令之后还有一级________ 供选择。

5. 在下拉菜单中，有的命令呈灰色状态，表示这些命令在当前状态下是________ 的。

6. Word 文档存盘的默认路径为________ 、文档的默认扩展名为________ 。

7. 打开已有文档的快捷键是________ 。

8. 在 Word 2003 文档的录入过程中，如果发现有误操作，则可按________ 按钮取消本次操作。

9. Word 2003 中，已选定要移动的文本，按快捷键________ ，将选定的文本剪切到剪贴板上，再将插入点移到目标位置上，按快捷键________ 粘贴文本，实现文本的移动。

10. 在 Word 2003 中，要实现“查找”功能，应按的快捷键是________ ，要实现“替换”功能，应按的快捷键是________ 。

11. 在 Word 2003 中，保存文档的快捷键是________ ，保存新建的文档时会打开“____ ”对话框。

12. 文字的格式主要是指文字的________ 、字形、________ 。

13. 在________ 和________ 下，利用文档窗口的水平标尺可以快速设置段落的左右边界和首行缩进的格式，简单方便但不够精确。

14. 设置段落的缩进除了使用“格式”菜单的“段落”命令以外，还可以直接通过________完成。

15. 在 Word 2003 的“页码”对话框中__________复选框的选择与否决定文档的第一页是否要插入________。

16. Word 2003 文档的分页是根据设定的__________自动进行分页，但有时却可以在需要位置强制分页。强制分页实际上是通过在某个位置插入________来实现的。

17. 页眉和页脚是打印在一页________和________的注释性文字或图形。

18. Word 2003 提供________功能，查看实际打印的效果。

19. 在 Word 2003 文档中插入图形文件，则可单击“________”菜单中的“________”并选择“来自文件”命令。

20. 在 Word 2003 中，________是一套设计风格统一的元素和配色方案，包括背景颜色或图形、正文标题和标题样式、项目符号、水平线、超级链接的颜色和表格边框的颜色。

WORD 文字处理练习题参考答案

一、选择题

1～5：ACADA　6～10：CDBAB　11～15：BACDB　16～20：CDABC

21～25：BCDAD　26～30：CCCCA　31～35：BDCCB　36～40：BCADA

41～45：BABCB　46～50：DADCA　51～55：CDABD　56～60：BBDBA

二、填空题

1. Office　2. 视图　3. 对话框　4. 菜单

5. 不可选　6. My documents　Doc　7. Ctrl + O

8. 撤销　9. Ctrl + X　Ctrl + V　10. Ctrl + F　Ctrl + H

11. Ctrl + S　另存为　12. 字体　字号

13. 普通视图　页面视图　14. 水平标尺

15. 首页插入页码　页码　16. 页面右边距　分页符

17. 顶部　底部　18. 打印预览

19. 插入　图片　20. 样式

第四章 Excel 电子表格

上机实习 4 -1 初识 Excel

上机时间：____ 年__ 月__ 日 第____ 节 上机地点：________ 指导教师：________

上机目标

1. 熟悉 Excel 窗口界面及其基本概念；
2. 掌握建立简单工作簿的方法。

上机内容

1. 启动 Excel 程序

方法是：____。

2. 认识主窗口

(1)认识标题栏。

(2)认识菜单栏。

菜单栏共有________ 个菜单名。试比较 Excel 与 Word 菜单的区别：____________。

请写出下列菜单中的命令项：

“格式”菜单中的命令项____；

“数据”菜单中的命令项____。

(3)认识工具栏：图 4 -1 是常用工具栏的部分按钮，请写出各按钮的名称。

100%

图 4 -1 常用工具栏的部分按钮

(4)认识公式编辑区：在图 4 -2 中写出各部分的名称。

3. 打开 Excel，在 book1 中制作图 4 -3 所示“ ＊ ＊班同学通讯录”，填写好通讯信息，并以“ ＊ ＊班同学通讯录 . xls”为名保存在自己的 U 盘中。

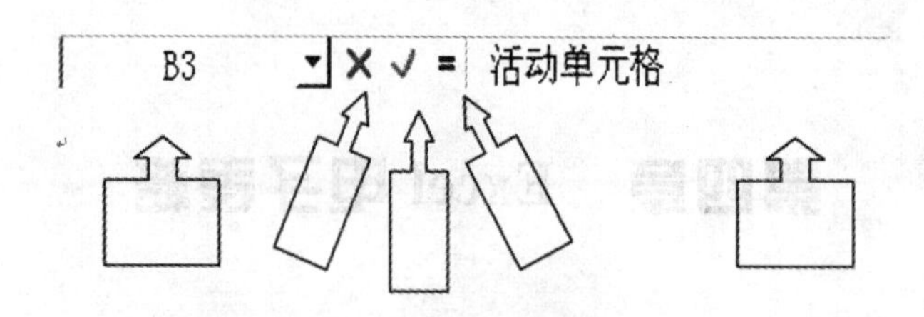

图 4-2 公式编辑区

	A	B	C	D	E	F	G
1	**班同学通讯录						
2	编号	姓名	性别	出生年月	QQ号码	手机号码	家庭住址
3	1						
4	2						
5	3						
6	4						
7	5						
8	6						
9	7						
10	8						
11	9						
12	10						

图 4-3 **班同学通讯录

问题思考

1. Excel 启动与退出各有哪些方法？

2. 如何完成图 4-4 中的数据填充？

	A	B	C	D	E	F	G
1	星期一	星期二	星期三	星期四	星期五	星期六	星期日
2	monday	tuesday	wednesday	thursday	friday	saturday	sunday

图 4-4 “数据填充”表

收获体会

请写出本次上机实习的收获与体会。

上机实习 4 –2　Excel 数据的输入

上机时间：____ 年__ 月__ 日　　第____ 节　上机地点：________　指导教师：________

上机目标

1. 熟练掌握 Excel 的基本操作；
2. 掌握 Excel 中各种数据的输入方法。

上机内容

1. 数据输入的一般方法：________________________________ 。
2. 数据类型

在 Excel 中通常分为____
____ 等数据类型。输入数据前可以设置数据类型，方法是：____
______ 。

3. 输入“文本”型数据

一般的汉字、英文、符号等直接使用“文本型”。它们在单元格中的默认对齐方式为________ 。完成图 4 –5 所示表格制作。

	A	B	C	D
1	姓名	性别	部门	工资

图 4 –5　“文本”型数据表

4. 输入“数值”型数据

F8 单元格中，分别输入整数“22”、小数“22.2”“22.00”、负数“ –22”、分数“1/2”、极大的数“222222222222222”，它们默认的对齐方式是__________ 。

如图 4 –6 所示，在 A8：

	A	B	C	D	E	F
8	22	22.2	22.00	-22	1/2	2.22222E+14

图 4 –6　“数值”型数据表

(1)分数的输入方法：

(2)小数的输入方法：

(3)负数的输入方法：

(4)极大的数的显示方式是：

5. 输入“日期”“时间”型数据

对于“生日”等日期型数据，最好在“控制面板”的“区域设置”将其设置为“yyyy - mm - dd”，这样输入起来符合我们中国人的习惯。完成如图 4 - 7 所示表格。

	A	B	C	D	E
15	1970年7月7日	一九七〇年七月七日	2006-8-1 1:45 PM	1月4日	星期一

图 4 - 7 “日期”“时间”型数据表

特别提示：在 C15 单元格中输入系统当前的日期和时间，注意两项之间应至少有一空格。可采用快捷键输入，系统当前的日期输入方法：______________，系统当前时间的输入方法：______________________。

6. 其他数据类型的输入

试一试完成图 4 - 8 中货币类、特殊类数据的输入。

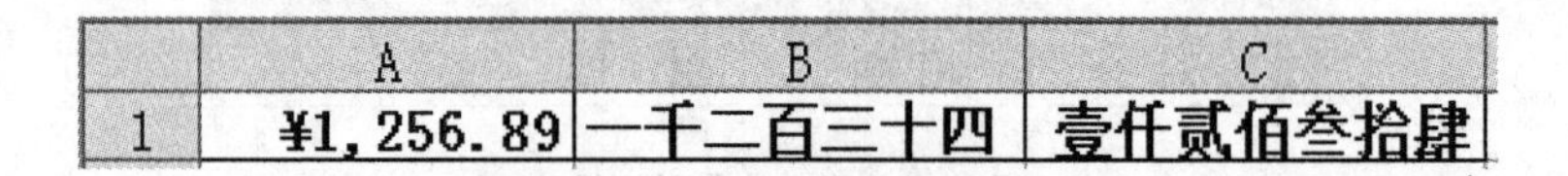

	A	B	C
1	¥1,256.89	一千二百三十四	壹仟贰佰叁拾肆

图 4 - 8 “货币”“特殊类”型数据表

问题思考

1. 在默认情况下，在某三个单元格中分别输入 1/4 或“1/4”或 0 1/4 三个数据，它们的数据类型分别是什么？显示的结果分别是什么？

2. 如何完成图 4 - 9 所示表格的数据填充？

	A	B	C	D	E
1	2	4	16	256	65536

图 4 - 9 “数据填充”表

收获体会

请写出本次上机实习的收获与体会。

上机实习 4 - 3　数据输入的技巧

上机时间：____ 年__ 月__ 日　　第____ 节　上机地点：________ 指导教师：________

上机目标

掌握 Excel 中各种数据的输入技巧。

上机内容

一、数据的输入技巧

1. 回车键的移动方向：数据输完后按回车，插入点（活动单元格）自动移到__________。若希望自动向右移动到“同行的下一个”，应如何设置？请试一试。

2. (1) 同一单元格中输入多行文本的方法：

(2) 当单元格中内容较多时，可以自动缩小字体填充或者合并单元格填充，试一试，写出操作的方法。

3. (1) 在多个单元格输入同样的数据方法：

(2) 制作图 4 - 10 所示表格。

	A	B	C	D	E	F	G	H
1	新邵职业中专	男	女	男	女	男	女	男

图 4－10 “输入同样的数据”表

4. 填充柄的妙用：拖动某个单元的“填充柄”，可自动将该单元格的数据复制到拖过的所有单元格中，试一试。

二、规律数据的自动填充

1.“自动填充”类数据的填充：请将前面在工作表“Sheet1”中输入的各类数据，向下拖动其填充柄，看一看有什么规律。

2. 利用“序列”生成器或“示范”方式来填充规律数据：打开工作表“Sheet3”，完成如图 4－11 所示表格内容的填充(序列在行上)，并写出你所采用的方法，每一项任务至少试用两种方法且加以比较。

	A	B	C	D	E	F
1	1	2	3	4	5	6
2	1	3	5	7	9	11
3	1月8日	3月8日	5月8日	7月8日	9月8日	11月8日
4	1月8日	1月11日	1月14日	1月17日	1月20日	1月23日

图 4－11 规律数据自动填充表

3. 右键拖动填充柄进行选择性填充规律数据：重复上面的操作。

4. 希望数据不要按规律填充时：应按________键，再拖动填充柄，只是简单复制数据。试一试。

问题思考

单数值数据、时间日期数据、文本数据的填充，有什么规律？

收获体会

请写出本次上机实习的收获与体会。

上机实习 4－4　工作表的操作

上机时间：____年__月__日　第____节　上机地点：________　指导教师：________

上机目标

1. 学会新建工作簿，并能利用工作表输入数据，收集信息；
2. 掌握工作表的辅助操作，重要的如表名的修改、工作表的增加与删除等操作。

上机内容

1. 启动 Excel 程序，在工作表 Sheet1 中输入图 4－12 所示表格中的数据，完成后以“南方公司职工基本情况表 . xls”为文件名保存到自己的 U 盘中，并将该作品发送给任课老师。

	A	B	C	D	E	F	G	H	I	J	K
1	南方公司职工基本情况表										
2	姓名	性别	所在部门	学历	基本工资	补贴	应发工资	养老	医保	扣款合计	实发工资
3	刘易斯	男	财务部	本科	2800	400		120	50		
4	张支行	男	开发部	研究生	3300	500		130	50		
5	郭　凯	男	市场部	高中	1800	400		100	50		
6	李　立	男	市场部	中专	1200	200		100	50		
7	许　玲	女	开发部	高中	1900	200		100	50		
8	刘　浪	女	开发部	本科	3200	300		130	50		
9	易可以	男	财务部	研究生	3500	500		150	50		
10	朱镇家	男	文体部	大专	2000	100		100	50		
11	张　强	男	市场部	中专	1900	400		100	50		
12	周　洲	女	文体部	本科	2200	100		100	50		

图 4－12　南方公司职工基本情况表

操作提示：

①表头“南方公司职工基本情况”的输入方法：首先选定 A1：K1，直接输入字符“南方公司职工基本情况”，然后执行菜单命令“格式”→“单元格”→打开“对齐”选项卡→选中“合并单元格”复选框→“确定”即可。

②注意相同文本字符的输入技巧，以提高输入速度。

③数值型数据的输入：要注意小数位数的处理。

2. 工作表的选定操作：试一试，激活新的当前工作表“Sheet2”或“Sheet3”。

3. 工作表的表名修改：以“Sheet＋序列”命名工作表很不直观，请将 Sheet1 更名为“职工工资表”，将“Sheet2”重命名为“职工简易档案表”。

你的方法是：____。

4. 新增加一张工作表：你的方法是________________________________。

新工作表的默认名称为________，请更名为“新职工档案”。

5. 工作表的复制：请将“职工工资表”复制一份，放到“新职工档案”的后边，默认表名为____________。

知识扩展

请新建一个工作簿，你的方法是____。其默认工作簿名称为________。该工作簿怎样命名呢？

1. 工作表的移动：请将“新职工档案”工作表移至本工作簿的最前面，试用多种不同的方法。

2. 删除工作表：请将新工作簿中的“Sheet2”删除，试用两种不同方法去完成。

3. 隐藏工作表：请将“南方公司职工基本信息表”工作簿中的“职工工资表”隐藏起来。

4. 设置工作表的背景：请为“职工工资表”设置背景图（自选一个背景图），你的方法是：

5. 取消工作表中的表格线：选中工作表，执行菜单命令“工具”→“选项”→“视图”选项卡→“窗口选项”中的“网格线”→去掉前面的“√”，按“确定”即可。

6. 关闭工作簿：

（1）请关闭“南方公司职工基本情况表. xls”，如果未保存的话必须保存好，方便下次操作。试用两种不同的方法。

（2）请关闭新建的工作簿，不要保存。你使用的方法是：

问题思考

1. 工作表的复制或移动，共有哪几种方法？

2. 关闭工作簿与关闭 Excel 程序意义有何不同？方法上有什么区别？

收获体会

请写出本次上机实习的收获与体会。

上机实习 4－5　编辑数据

上机时间：____ 年__ 月__ 日　　第____ 节　上机地点：________ 指导教师：________

上机目标

1. 掌握单元格选取、增加、删除、清除、复制与移动以及单元格中字符编辑、批注的使用等操作；

2. 掌握行、列的选取、增加、删除、复制与移动等操作。

上机内容

1. 打开你前面保存的工作簿文件“南方公司职工基本情况表. xls”，你的方法是：

2. 单元格的操作

(1) 单元格的选取：

①选取一个单元格（如“职工工资表”中的 A1 单元格），方法是____。

②选取一个单元格区域（如“职工工资表”中的区域 A2：C3，方法是____。

③选取不相邻的单元格或单元格区域（如“职工工资表”中的区域 A2：C3）和区域 B5：D7），方法是____。

(2) 插入新单元格：请在“职工工资表”工作表中 B6 单元格上方插入一个空白单元格，你的方法是：

请在“职工工资表”工作表中 C6 单元格上方一次性插入 3 个空白单元格，你的方法是：

(3) 删除单元格：请将上面第(2)项刚插入的新空白单元格删除。你的方法是：

(4) 移动或复制单元格：你的方法是：

(5) 清除单元格：请将上面第(4)项中复制后的单元格内容清除掉，写出你的方法：

(6)插入“批注”：请在“职工工资表”中 B3 单元格中插入批注，内容为“该同志原名为张银行，后改名。”你的操作步骤是：

3. 行、列的操作

(1)行、列的选取：单行或单列的选取：方法是________________。多行或多列的选取：方法是________________________________。

(2)行、列的移动或复制：与单元格的移动或复制方法差不多。

请在“新职工档案”中将 A、B 两列复制到 G、H 两列位置处。

(3)行、列的清除或删除：请将上面刚复制的 G、H 两列删除掉。写出你的方法：

(4)行、列的增加：请在“职工工资表”中的 C、D 两列之间插入一个新列，标题行设为“出生年月”。写出你的方法：

(5)行、列的隐藏与取消隐藏：请在“职工工资表”工作表中将 C、E 两列隐藏起来，写出你的方法：

收获体会

请写出本次上机实习的收获与体会。

上机实习 4－6　窗口操作与数据安全

上机时间：____年__月__日　第____节　上机地点：________　指导教师：________

上机目标

1. 掌握窗口的冻结与分割操作；
2. 掌握数据安全与数据有效性的操作。

上机内容

1. 启动 Excel 程序，输入图 4－13 所示“学生成绩表”，完成后请你以“学生成绩表.xls”为文件名保存到自己的 U 盘中，并将该作品发送给任课老师。

	A	B	C	D	E	F	G	H	I	J	K
1		**职业中专计算应用专业58班成绩表									
2	编号	姓 名	语文	英语	数学	计算机	网络	网页	总分	平均成绩	名次
3	1	王丹丹	125	140	100	74	70	90			
4	2	李 嘉	112	113	100	70	79	83			
5	3	陈世杰	120	123	100	65	73	72			
6	4	王文文	119	109	100	61	72	87			
7	5	郭庆丽	120	118	84	69	71	73			
8	6	王文豪	125	125	83	63	60	59			
9	7	王东燕	119	122	89	68	48	67			
10	8	王 惠	101	133	86	57	57	72			
11	9	樊梦雅	112	113	93	60	54	72			
12	10	王倩慧	118	130	75	60	51	66			
13	各科最高分										
14	各科最低分										
15	各科平均分										
16	及格率										

学生成绩表 / Sheet2 / Sheet3

表 4－13 学生成绩表

2. 窗口操作

(1) 冻结行：选定某行，执行菜单命令“窗口”→“冻结窗口”。

(2) 冻结列：选定某列，执行同样的菜单命令，那么该列左边的所有列被冻结。请将当前工作表中的 A、B、C 三列冻结，方法是：

(3) 窗口的上下分割：选定某行，执行菜单命令“窗口”→“拆分”，则屏幕窗口由该行上方被拆分成两个窗口。

(4) 窗口的左右分割：选定某列，然后执行相同的命令。试一试，然后取消分割。

3. 数据安全

(1) 试一试：请将上面的“学生成绩表”工作簿设定打开权限密码和修改权限密码，并了解它们的作用。不过密码你一定要记住哦，否则对你的操作不方便。

(2) 工作表级的保护：两种手段。

①隐藏工作表：____________________。

②保护工作表：选定待保护的工作表，然后执行菜单命令：“__________”→“__________”→进入“保护工作表”对话框，在其中输入密码，即可起作用。

撤销保护工作表的方法：____。

(3) 行、列保护：它是通过__________来实现的。（前面已学过）

4. 数据的有效性

(1) 在“学生成绩表”工作簿中的“学生成绩表”工作表里选定“C 列”。

(2) 执行菜单命令：“数据”→“有效性”，打开“数据有效性”对话框。

(3) 在“设置”选项卡中设置有效性条件为数据介于 1 到 999 之间。

(4) “输入信息”选项卡中，设置输入信息为“请输入 1 到 999 之间的数字”。

(5) 在“出错警告”选项卡中，设置出错信息为“数据超出了范围，请重新输入。”

(6)在“输入法模式”选项卡中，设置输入法为英文。

收获体会

请写出本次上机实习的收获与体会。

上机实习 4-7　公式应用

上机时间：____ 年__ 月__ 日　第____ 节　上机地点：________ 指导教师：________

上机目标

1. 掌握各种常用运算符号；
2. 掌握公式的使用方法。

知识预备

1. 常用的运算符号分成如下三类：

算术运算类：____；

比较运算类：____；

文本运算类：____。

2. 请将数学公式“$1+5^2-10\times2\times\frac{4}{5}$”改写成 Excel 中能应用的公式：

3. 输入公式必须以____________开头。

上机内容

1. 请打开前面保存的“南方公司职工基本情况表 . xls”工作簿文件，完成下列操作。完成后以“职工情况表 1. xls”为文件名保存好。

(1) 计算各职工的“扣款合计”(扣款 = 养老 + 医保)：

单击单元格____________；然后单击“公式编辑栏”中“编辑公式”按钮。输入公式：__________________________，确认即可。使用填充柄复制公式计算其他职工的“扣款合计”。

(2) 计算各职工的“应发工资”(应发工资 = 基本工资 + 补贴)

单击________ 单元格，然后单击“公式编辑栏”中“编辑公式”按钮(也可直接输入“ = ”)。输入公式：__________________，确认即可。

你发现在该单元格中显示的是公式还是公式的值呢？__________。

(3)计算各职工的“实发工资”(实发工资 = 应发工资 - 扣款合计)，单击________ 单元格，然后单击“公式编辑栏”中“编辑公式”按钮(也可直接输入“ = ”)。输入公式：____________________________，确认即可。

2. 制作如图 4 –4 所示“平时成绩表”，按要求完成相应的操作，并以“平时成绩表 . xls”为文件名保存到自己的 U 盘中，并将该作品发送给任课老师。

	A	B	C	D	E	F	G
1	学号	平时1	平时2	平时平均	期中	期末	总评
2	1	90	87		90	95	
3	2	87	89		89	98	
4	3	67	76		67	89	
5	4	56	67		77	89	
6	5	78	79		80	70	
7	6	90	78		99	90	

图 4 –14　平时成绩表

操作提示：

①利用公式计算“平时平均”分：=（平时 1 + 平时 2）/2

②利用公式计算“总评”分：= 平时平均 * 20% + 期中 * 30% + 期末 * 50%

收获体会

请写出本次上机实习的收获与体会。

上机实习 4 –8　单元格的引用及地址

上机时间：____ 年__ 月__ 日　　第____ 节　上机地点：________　指导教师：________

上机目标

1. 掌握相对引用、绝对引用、混合引用的概念；

2. 掌握相对引用、绝对引用、混合引用的概念的具体应用。

知识预备

1. 单元格的引用：Excel 提供了三种不同的引用方式：相对引用、绝对引用、混合引用。

2. 相对引用的概念：相对引用是针对当前单元格的引用，是随当前单元格变化而变化的。

相对地址引用：在公式复制时将自动调整。

调整原则是：新行地址 = 原来行地址 + 行偏移量

新列地址 = 原来列地址 + 列偏移量

例如：将 D2 单元中的公式“ = A2 + B2 + C2”复制到 D4 后，D4 中的公式为“ = A4 + B4 + C4”。

3. 绝对引用的概念：绝对引用是针对起始单元格的引用，是不随当前单元格的变化而变化的。绝对引用的单元格地址的列标和行号前都必须加“$”符号。

绝对地址引用：在公式复制时不变。

例如：C3 单元的公式“ = B2 + B3 + B4”复制到 D5 中，D5 单元的公式为“ = B2 + B3 + B4”。

4. 混合引用

混合引用只绝对引用的行号或列号前加“$”符号。

在公式复制时绝对地址不变，相对地址按规则调整。

练习题

1. 假设 B4 中有公式“ = SUM(A1：A3)”，若将该公式复制到 C5，则 C5 中的公式为(　　　)

A. = SUM(B1：B3)　B. = SUM(B2：B4)　C. = SUM(A2：A4)　D. = SUM(A1：A3)

2. 如果 B5 单元格有公式“ = A1 + C2”，现将 B5 单元格公式复制到 C6 单元格，则 C6 单元格的公式为：________。

3. 如果 B5 单元格有公式“ = $A1 + $C2”，现将 B5 单元格公式复制到 C6 单元格，则 C6 单元格的公式为：________。

4. 如果 B5 单元格有公式“ = A$1 + C$2”，现将 B5 单元格公式复制到 C6 单元格，则 C6 单元格的公式为：________。

5. 如果 B5 单元格有公式“ = $A1 + C$2”，现将 B5 单元格公式复制到 C6 单元格，则 C6 单元格的公式为：________。

6. 如果 B5 单元格有公式“ = A1 + C2”，现将 B5 单元格公式复制到 C6 单元格，则 C6 单元格的公式为：________。

问题思考

1. 应用公式时，运算符的输入应该在中文输入状态还是在英文输入状态？

2. 总结一下，公式中绝对引用单元格与相对引用单元格，在复制公式时有什么不同？

收获体会

请写出本次上机实习的收获与体会。

上机实习 4 - 9　常用函数应用(一)

上机时间：____年__月__日　第____节　上机地点：________　指导教师：________

上机目标

1. 掌握求和函数 SUM、自动求和命令的使用
2. 掌握求平均值函数 AVERAGE 的使用方法；
3. 掌握求最大值函数 MAX、最小值函数 MIN 的使用方法。

知识预备

1. 应用函数时：在单元格中可以直接输入函数，也可以使用工具栏上的“粘贴函数”按钮，或使用菜单命令______________________________。

2. 单元格区域的表示方法：

(1)(A1, B1, C1) 表示：____。

(2)(A1：C1) 表示：____。

(3)(A1：C1, D1, F1) 表示：______________________________________。

(4)(A1：C1, D1：F1)表示：______________________________________。

(5)(a1：c1 b1：e1)表示：_______________________________________。

上机内容

打开如图 4 - 13 所示“学生成绩表”，或重新制作，按要求完成下列操作。完成后请你以”学生成绩表 1. xls 为文件名保存到自己的 U 盘中，并将该作品发送给任课老师。

1. 求和函数 SUM( )的练习

用函数计算出“学生成绩表”中总分。写出 SUM 函数的格式：________________。

方法一：单击 I3 单元格，直接输入函数______________，完成后按回车键，然后拖动 I3 单元格的填充柄直到 I12。

方法二：单击 I3 单元格，先输入空函数“ = SUM (　　)”，然后用鼠标选定单元格区域(C3：H3)确定即可。

方法三：单击 I3 单元格，然后单击“公式编辑栏”中的“编辑公式”按钮，接着从“名称框”中选择求和函数 SUM。

方法四：在选定 I3 单元格后，执行菜单命令“插入”→“函数”或从工具栏中单击“粘贴函数”按钮。

方法五：简单求和方式：使用“自动求和” Σ 按钮。试一试，求所有学生的成绩总分。

写出你的方法：____。

2. 求平均值函数 AVERAGE(　　)的应用

写出求平均值函数的格式：________________。

方法一：单击 J3 单元格，直接输入函数______________，完成后按回车键，然后拖动 J3 单元格的填充柄直到 J12。

方法二：单击 J3 单元格，先输入空函数“＝AVERAGE(　　)”，然后用鼠标选定单元格区域(C3：H3)确定即可。

方法三：单击 J3 单元格，然后单击“公式编辑栏”中的“编辑公式”按钮，接着从“名称框”中选择求平均值函数 AVERAGE。

方法四：在选定 J3 单元格后，执行菜单命令“插入”→“函数”或从工具栏中单击“粘贴函数”按钮，选择 AVERAGE。

3. 求最大值函数 MAX、求最小值函数 MIN 的应用

(1)写出求最大值函数的格式：________________；求最小值函数的格式：________________。

(2)在“学生成绩表”中 A13 单元格中输入“各科最高分”，然后在同行相对应的单元格中求出每科成绩的最大值，则在 C13 中输入函数________________________。

(3)在 A14 单元格中输入“各科最低分”，然后在同行相对应的单元格中求出每科成绩的最小值，则在 C14 中输入函数__________________________。

收获体会

请写出本次上机实习的收获与体会。

上机实习 4－10　常用函数应用(二)

上机时间：____年__月__日　　第____节　上机地点：________　指导教师：________

上机目标

掌握计数函数 COUNT(　　)、COUNTIF(　　)的使用。

知识预备

1. 计数函数的格式是__________________，它可以计算出指定单元格中包括的数值型数据的个数，所以它用来从混有数值、文本的单元格中统计出数值型数据的个数。

2. 条件计数函数的格式是________________________，如果其中的条件特定值是某个文本则需要用双引号括起来；如果特定值为某个数值则引号可以省略；如果特定值为某个

单元格的值则可以引用该单元格；如果其中的条件是一个逻辑比较式则需要用双引号将比较式括起来。

注意： 对于复合条件只能用多个 COUNTIF(　　)的加减运算来实现。

上机内容

打开前面保存的"职工情况表 1. xls 工作簿文件，再以"职工工资表 2. xls"为文件名保存好，并按要求完成下列操作，新建一张工作表，命名为"操作表 1"，然后将"职工工资表 2"中的数据区复制到"操作表 1"中 A1 单元格位置处。将"操作表 1"作为当前工作表。完成下列操作后以原文件名保存好：

(1) 在 A13 单元格中输入"职工人数"，在 B13 单元格中输入公式：________________________。试一试，如果输入公式"=COUNT(D3：D12)"，确定后其结果是________，这是为什么？________________。

(2) 在 A14 单元格中输入"刘姓职工人数"，则应在 B14 单元格中输入公式：________________。

(3) 在 A15 单元格中输入"女职工人数"，则应在 B15 单元格中输入公式：____________________。

(4) 自己试一试，分别统计出各种学历的职工人数。

(5) 在 A16 单元格中输入"补贴不少于 400 的职工人数"，显示不了可采用"自动换行"显示，设置方法是________________________。然后在 B16 单元格中输入公式：______________________。

问题思考

试比较 COUNT(　　)与 COUNTIF(　　)的异同。

收获体会

请写出本次上机实习的收获与体会。

上机实习 4-11 常用函数应用(三)

上机时间：____年__月__日 第____节 上机地点：________ 指导教师：______

上机目标

掌握条件求和函数 SUMIF( )的使用。

知识预备

1. 条件求和函数的格式是________________________。

2. 条件求和函数中“条件”项可以参考上面的规定。“条件范围”可以是任意类型的数据；但“求和范围”只能是数值型数据。

3. 在条件求和函数中：前两项参数与 COUNTIF( )函数一样；第三项参数与 SUM( )函数一样。

上机内容

打开前面保存的“职工情况表 1. xls”工作簿，按要求完成下列操作。

(1)在 A13 单元格中输入“财务部的基本工资之和”，写出你的公式：____________。

(2)在 A14 单元格中输入“市场部的实发工资之和”，写出你的公式：__________。

(3)在 A15 单元格中输入“女性基本工资之和”，写出你的公式：____________。

(4)在 A16 单元格中输入“开发部职工小计”，然后在 B16 单元格中求和值，应输入公式：__________________________。再利用填充柄将该公式复制到同行中右边各列单元格中。完成后可别得意，请仔细估算检查一下，其他各列的公式和结果是否正确，原因是什么？____。(**提示：“条件范围”引用单元格方式应该保证为绝对引用**)。试一试，其他部门职工小计。

问题思考

试比较 SUM( )与 SUMIF( )函数的区别。

收获体会

请写出本次上机实习的收获与体会。

上机实习 4－12　常用函数应用(四)

上机时间：____ 年__月__日　　第____节　上机地点：________ 指导教师：________

上机目标

1. 掌握条件判定函数 IF（　　）的使用；
2. 掌握计数函数 COUNT(　　）、COUNTIF(　　）的使用。

知识预备

条件判定函数的格式是____________________，其中的“逻辑表达式”与前面的条件计数、条件求和函数中的“条件”有所不同的，前者必须是一个完整的表达式，即是对指定的单元格数据与某特定值进行逻辑比较而判定真假；当表达式的值为真时，函数取__________；当表达式的值为假时，函数取____________。后两个函数中的“条件”只须是一个简单的数据或比较式就可以了。

上机内容

1. 打开前面保存的“职工情况表 1. xls”工作簿，按要求完成下列操作，并以“职工工资表 3. xls”为文件名保存在自己的文件夹中。

(1)请在 L2 单元格输入“工资级别”，然后根据“基本工资大于等于 3000 则为高工资，否则为一般工资”这个条件来判定各职工的“工资级别”值。则应在 L3 单元格中输入公式：________________________________，然后复制公式至同列其他单元格中。完成后请检查一下。

(2)如果条件改为“基本工资大于等于 3000 则为高工资，大于等于 2000 则为一般工资，否则为低工资。”公式怎么写呢？好好试一试。

(提示：嵌套使用 IF 语句，即 IF(条件 1，IF(条件 2，值 1，值 2)，值 3)）

(3)在 M2 单元格中输入“调整工资”，设调整条件为“凡女职工在原实发工资的基础上加 200 元，男职工在原实发工资的基础上加 100 元。”请你计算各职工的调整工资，则可在 M3 单元格中输入公式：________________________________。

2. 请新建如图 4－15 所示工作簿，以“计算机等级考试统计表 . xls”为名保存到自己的文件夹中，且完成下列操作。

(1)计算“考生人数”，写出你的公式：________________________

(2)计算“一级优秀人数”(说明：一级分数≥85 为“一级优秀”，一级分数≥60 为“一级合格”，低于 60 分则为不合格。)，写出你的公式：____________

(3)计算“一级合格人数”：________________________________

(4)计算“一级不合格人数”：______________________________

	A	B	C	D	E
1	考号	一级	二级	级别	结论
2	001	85	28		
3	002	91	12		
4	003	48	34		
5	004	68	26		
6	005	96	30		
7	考生人数				
8	一级优秀人数				
9	一级合格人数				
10	一级不合格人数				
11	二级优秀人数				
12	二级合格人数				

图 4－15 计算机等级考试统计表

(5)计算“二级优秀人数”(说明：二级满分为 35 分，≥35＊85%为优秀，≥35＊60%为合格，否则为不合格。)：________________

(6)计算“二级合格人数”：________________

(7)确定每个学生的“级别”(说明：如果一级分数≥60、二级分数≥35＊60%为“二级”，一级分数≥60、二级分数小于 35＊60%则为“一级”，如果一级分数小于 60 则为不合格。)，写出你的公式：________________。

收获体会

请写出本次上机实习的收获与体会。

上机实习 4－13 其他函数应用

上机时间：____年__月__日 第____节 上机地点：________ 指导教师：________

上机目标

1. 掌握四舍五入函数、取整函数的应用；
2. 掌握取子串函数及字符串长度函数的应用；
3. 掌握日期、时间函数的应用。

上机内容

1. 启动 Excel 程序，完成下列操作后，以“其他函数的应用 . xls”为名保存到你的文件夹中。

2. 在 Sheet1 中录入表 4 – 16 的内容，并把该工作表更名为“Round_Int”，然后完成下列操作：

	A	B	C	D
1	项目	收支	ROUND	INT
2	工资	2631.95		
3	人情开支	-258.00		
4	交通费	-228.00		
5	羽毛球	-85.29		
6	电话费	295.12		
7	酬金	2631.95		
8	手机费	51.45		
9	生活费	2631.95		
10	余额1			
11	余额2			

图 4 – 16　“Round_Int”表

(1) 在 C 列中得到 B 列数据对第 1 位小数四舍五入后的值。(提示：M 应取 0) 你的公式是：______________________。

(2) 在 D 列中得到 B 列数据的整数部分。你的公式是______________________。

(3) 在“余额 1”右边的单元格中得到 B 列上面各项数据的和的整数部分，即先求和，再求和的整数部分。你的公式是______________________。

(4) 在“余额 2”右边的单元格中得到 B 列上面各项数据的整数部分的和，即求 D 列各项数据的和。你的公式是______________________。

3. 在工作表 Sheet2 中输入图 4 – 17 所示的内容，并将工作表更名为“字符串操作”，然后完成下列操作：

	A	B	C	D	E
1	数据	len(　)	left(　)	right(　)	mid(　)
2	湖南省职业中专学校				
3	Englishbook				
4	123456				

图 4 – 17　字符串操作表

(1) 在 B 列得到 A 列各数据的长度，你的公式是______________________________。

(2)在C列得到A列各数据的左边4个字符，你的公式是：____________________。

(3)在D列得到A列各数据的右边4个字符，你的公式是：____________________。

(4)在E列得到A列各数据从左边第3个开始的2个字符，你的公式是：______________________。

4. 在Sheet3工作表中录入图4－18所示的数据，并将表名更改为“日期与时间函数”，然后完成下列各项操作：

函数名	结果
Now()=	
Today()=	
year(now())=	
year(today())=	
month(today())=	
day(today())=	
weekday(today())=	
hour(now())	
minute(now())=	

图4－18 日期与函数表

提示：应在B列“结果”下面各单元格中输入左边单元格中对应的公式(如 =now( ))。

收获体会

请写出本次上机实习的收获与体会。

上机实习4－14 格式编排

上机时间：____年__月__日 第____节 上机地点：________ 指导教师：________

上机目标

1. 掌握单元格格式设置的项目及方法；
2. 掌握条件格式及样式套用的方法；
3. 掌握页面设置的主要内容及打印与预览操作。

知识预备

1. “单元格格式”设置对话框中选项卡有____________________，其中重要内容包括单元格数字分类设置(前面已学过)，对齐方式及边框。对齐方式分为____________________三种。缺省打印时不带表格线，若要打印全部表格线，可在“页面设置”的“工作表”选项卡中处理；若要打印部分表格线，则要选取单元格或区域，再进入“边框”选项卡设置。

2. 条件格式是一种对满足一定条件的数据以特定的格式显示出来的方法，有时候很有必要，其菜单命令在__________菜单中。而样式套用是为了节省格式设置的时间，直接应用 Excel 提供的__________套用到我们自己的工作表上，其菜单命令也在________菜单中。

3. 页面设置是为排版显示及打印文件服务的，它的菜单命令在________菜单中，“页面设置”对话框中的选项卡有__________________________四个。

4. 打印与预览操作分别有哪几种方法？试列举出来：

打印有：____；

预览有：____。

上机内容

1. 打开前面的“南方公司职工基本情况表 . xls”，完成下列单元格格式设置操作后以“格式编排. xls”为文件名保存到你的文件夹中。

(1) 请将 B 列数据设置为“斜倾 5 度”对齐；C 列数据设置为“垂直靠上”对齐；D 列数据设置为“自动换行”。请写出你的方法：

____。

(2) 请将该表格的外边框设为“双线”型。你的方法是____。

2. 请你打开前面保存的“学生成绩表”工作簿，然后完成下列操作：

(1) 新插入一张工作表，将“学生成绩表”原始数据区复制到新工作表中，并将表名改为“格式编排操作”。

(2) 条件格式操作：请将表中所有单科成绩小于 60 分的数据着上红色显示；请将表中所有单科成绩大于 90 分的数据以加粗并且比原字号大一号显示。

(3) 添加边框：数据区外边框线设为双线，数据区第一行单元格的底线使用粗线。你的方法是____。

3. 样式套用操作：你的方法是____。

4. 打印与预览操作：可在“页面设置”对话框中进行“页面设置”“打印”或“打印预览”操作。

请在“页面设置”对话框中设置纸张大小为 A4、横向；默认页边距，居中方式为水平居中、垂直居中；页眉设为“学生成绩表”、页脚设为“第几页、共几页”样式；在“工作表”选项卡中选定“打印区域”为 A1：I23，要求打印网格线。

（**注意**：“打印标题”的设置是在工作表数据较多，需多页显示，打印时一般每一页需要加上顶端标题行或左端标题行。如果工作表数据仅一页则不需设置。）

收获体会

请写出本次上机实习的收获与体会。

上机实习 4－15　排序

上机时间：____年__月__日　第____节　上机地点：________　指导教师：________

上机目标

掌握排序的操作。

知识预备

1. 排序的作用：能根据某个特征值，将相近、类似的数据排在一块，故又称__________。排序所依据的特征值称为“关键字”，最多可以有 3 级“关键字”，依次为________________、__________、__________。

2. 当排序“关键字”的值是文本型时，对于“ASCII”字符按其编码的值进行排序，那么大写英文字母、小写英文字母、阿拉伯数字、标点符号排位顺序大致为：____。对于汉字则按其在字典中的顺序，一般为其拼音的__________顺序；也可以按其________顺序进行排序。

(1) 当排序“关键字”是“日期型”，则越早的日期越小。

(2) 当排序“关键字”是“数值型”，则排序起到按一定大小顺序排列的作用。比如成绩的排序。

(3) 排序的方式分为两种，即__________和__________。

上机内容

1. 打开“职工情况表 1. xls”，完成下列操作后，以文件名“排序操作表. xls”保存到你的文件夹中。

(1) 插入一张新工作表，命名为“排序操作表”，然后将“职工工资表”中数据区域 A2：K12 复制至单元格 A1。

(2) 在“排序操作表”中单击“全选按钮”，清除所设格式。你的方法是：______________________________。

(3) 单列排序操作：

①单击 A 列某单元格，单击，则“姓名”升序排列。然后撤销上一步操作，再单击，则“姓名”降序排列。体验一下其他各列的升、降序排列。

②若要对“姓名”按笔画多少为序升序排列，应如何操作？写出你的方法______________________________________。

③若要将“男”职工与“女”职工分开排列，如何操作？写出你的方法：______________________________。

2. 排序的典型应用：在成绩表中确定每位同学的名次。

（1）打开前面保存的“学生成绩表 1. xls”工作簿，插入新的工作表，并命名为“成绩操作表”，然后将“学生成绩表”工作表中数据区域（A2：J12）复制到“成绩操作表”中 A1 单元格处。

（2）在 K1 单元格中输入名次。

（3）按“总成绩”从高到低排序。

（4）然后在 K2：K11 区域中输入序列 1、2、…、10。

（5）再按“编号”从小到大排序，恢复成绩表的自然顺序。

问题思考

1. 在排序操作时，若某些数据行对应的三级“关键字”都相同，则这些数据行只好按什么方式进行排序了？

2. 工作表中出现“####”字样，表示什么意思？

收获体会

请写出本次上机实习的收获与体会。

上机实习 4－16　数据筛选

上机时间：____ 年__ 月__ 日　　第____ 节　上机地点：________ 指导教师：________

上机目标

掌握数据筛选的操作。

知识预备

1. 数据筛选用于从大量数据中，筛选出最感兴趣的数据，如：前几名、后几名、前百分之几、等于某个值或满足某个条件的数据等。它分为__________ 和__________ 两种方式。

2. 自动筛选实际上是建立一个____________，在这里可以进行灵活的查询操作。而高级筛选则可以单独列出筛选条件和筛选结果，让人一看就明白是怎么回事。

上机内容

1. 打开“南方公司职工基本情况表. xls”工作簿，将“职工工资表”复制一份，并将副本改

“筛选操作表”，完成以下操作后保存好。

2. 自动筛选操作

(1)在“筛选操作表”数据区单击任意单元格，然后执行菜单命令：“数据”→“筛选”→“自动筛选”→建立自动筛选器。

(2)打开“所在部门”筛选器：

①选择“开发部”，则________________________。

②选择“前 10 个”，不起作用，因为文本数据不能比较大小。

③选择“自定义”，在对话框中设置“等于”“开发部”“或”“等于”“市场部”，则筛选结果为：________________________。

如果将关系运算“或”字改为“与”，则结果又如何？

④选择“全部”，结果________________________。

(3)打开“姓名”筛选器。选择“自定义”筛选出所有姓名中第一字为“刘”的数据行(提示：应“等于”“刘*”)，然后显示全部数据。

(4)打开“基本工资”筛选器。选择“前 10 个”，请筛选出基本工资最低的 5 个(或者 20%)。

(5)打开“基本工资”筛选器。选择“自定义”，请你筛选出基本工资在 2000 元至 3000 元间的数据。

3. 高级筛选操作

(1)恢复“筛选操作表”中的数据(全部显示)；

(2)取消自动筛选器；

(3)高级筛选要求：从学历为“本科”或“中专”职工中查找出“基本工资”在 2000 元到 3000 元之间的人员来。

操作方法：

输入筛选条件：复制标题行，将“补贴”改为“基本工资”，然后在对应的单元格中输入条件项。(如图 4－19 所示，注意：条件项中同列数据为“或”运算关系；同行数据为“与”运算关系。)

姓名	性别	所在部门	学历	基本工资	补贴	应发工资
			本科	<=3000	>=1000	
			中专	<=3000	>=1000	

图 4－19 条件项

然后执行菜单命令：“数据”→“筛选”→“高级筛选”→打开“高级筛选”对话框。注意选择“方式”为“将筛选结果复制到其他位置”。然后选定数据区域、条件区域以及复制到目标区域，确定即可。

4. 你可以再试一试，重新建立条件：从“性别”为“女”“所在部门”为“财务部”的职工中筛选出“基本工资”在 2000 元到 3000 元之间的职工信息。

问题思考

如何取消所有自动筛选器?

收获体会

请写出本次上机实习的收获与体会。

上机实习 4-17　分类汇总与透视表

上机时间:____年__月__日　第____节　上机地点:________ 指导教师:________

上机目标

1. 掌握分类汇总操作;
2. 掌握透视表操作。

知识预备

1. 分类汇总:先根据关键字,对工作表进行分类,然后根据主关键字(只能根据一个关键字)汇总。在“分类汇总”对话框中主要需确定哪三个项目?即________________________________ 。它比多次调用________________ 函数来计算分类汇总值快捷多了。

2. 透视表也是一种数据汇总处理方式,其效果与分类汇总相似,但分类汇总只按______个关键字汇总,而透视表是按__________ 个关键字汇总,并以特殊格式显示其结果。

上机内容

一、分类汇总操作

打开“南方公司职工基本情况表.xls”工作簿,将“职工工资表”复制一份,并将副本改名为“分类汇总表”,完成以下操作后保存好。

以“分类汇总”的方法计算“分类汇总表”中各部门基本工资的小计数及单位的合计数。(**注意**:如果有“南方公司职工基本情况表”字样,请删除,只保留标题行和数据)

操作提示:

1. 单击表中数据区任意单元格;
2. 首先按“所在部门”排序;
3. 然后执行菜单命令:“数据”→“分类汇总”→打开“分类汇总”对话框,如图 4-20 所示,进行相关设置。

单击“确定”后,汇总结果如图 4-21 所示。

二、透视表操作

1. 新建一张工作表，命名为“透视表”，请将“职工工资表”的数据复制过来（注意：如果有“南方公司职工基本情况表”字样，请删除该行，只留标题行和数据）。

2. 执行菜单命令：

(1)“数据”→“数据透视表和数据透视图”→“数据透视表”和数据透视图向导：

(2)向导步骤1：取默认值，点击“下一步”；

(3)向导步骤2：可键入或选定数据源区域（A1：K12)，点击“下一步”；

(4)向导步骤3：选择透视表显示位置，可以选择“新建工作表”也可以选择“现有工作表”；

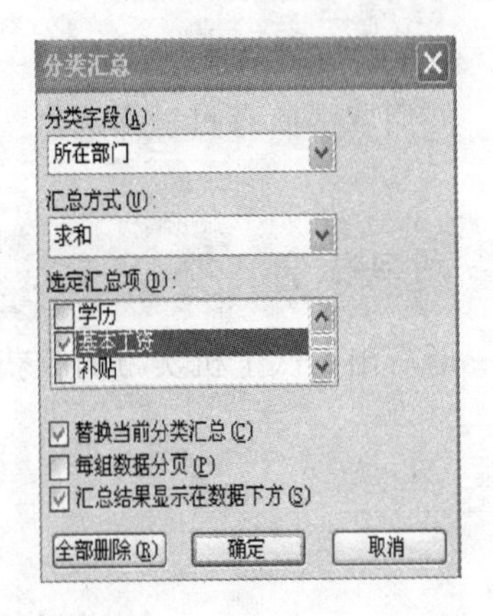

图 4－20 “分类汇总”对话框

	A	B	C	D	E	F	G	H	I	J	K
1	姓名	性别	所在部门	学历	基本工资	补贴	应发工资	养老	医保	扣款合计	实发工资
2	刘易斯	男	财务部	本科	2800	400		120	50		
3	易可以	男	财务部	研究生	3500	500		150	50		
4			**财务部汇总**		6300						0
5	张支行	男	开发部	研究生	3300	500		130	50		
6	许　玲	女	开发部	高中	1900	200		100	50		
7	刘　浪	女	开发部	本科	3200	300		130	50		
8			**开发部汇总**		8400						0
9	郭　凯	男	市场部	高中	1800	400		100	50		
10	李　立	男	市场部	中专	1200	200		100	50		
11	张　强	男	市场部	中专	1900	400		100	50		
12			**市场部汇总**		4900						0
13	朱镇家	男	文体部	大专	2000	100		100	50		
14	周　洲	女	文体部	本科	2200	100		100	50		
15			**文体部汇总**		4200						0
16			**总计**		23800						0

图 4－21 汇总结果

(5)在按“完成”按钮之前，可先单击“版式”按钮，打开如图 4－22 所示对话框，设置好有关版式：

请将“所在部门”拖放到“页”图标作为分类页字段；将“性别”拖放到“列”图标作为分类列字段；将“学历”拖放到“行”图标作为分类行字段；然后将需汇总的数据字段“基本工资”“补贴”“应发工资”拖放至“数据”图标区。默认汇总方式为“求和”，你可以双击数据图标区的数据字段，然后选择修改汇总方式。设置完成后按“确定”。

(6)单击“完成”按钮，即可得到你想要的数据透视表。当然你还可以在不设置版式前直接按“完成”按钮，然后按上面的要求设置版式。

(7)请你在该表中查询一下“页”字段中的各个部门的相关信息。这种独特的显示方式和

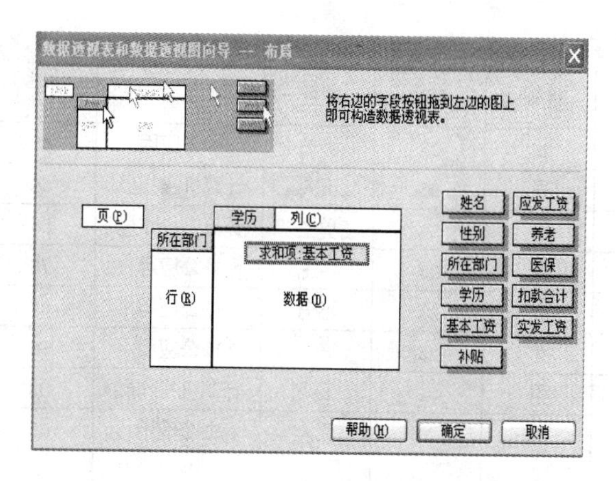

图 4 – 22　“布局”对话框

按多个字段分类汇总数据正是透视表的魅力，你好好体验一下。

收获体会

请写出本次上机实习的收获与体会。

上机实习 4 – 18　Excel 综合训练(一)

上机时间：____ 年 __ 月 __ 日　第____ 节　上机地点：________ 指导教师：________

上机目标

1. 掌握工作表的基本操作；
2. 掌握工作表数据的输入(重点是数值型、字符型、日期型)；
3. 掌握公式和基本函数的输入、序列的填充；
4. 掌握数据的编辑和修改。

上机内容

1. 新建一个如图 4 – 23 所示 Excel 工作簿，以“考核成绩表”为名，保存在自己的文件夹下，并按要求完成下列操作。

操作要求：

(1)将工作表 Sheet1 复制到 Sheet2 中；

(2)将工作表 Sheet2 设置为自动套用“简单”格式；

	A	B	C	D	E	F	G	H	I
1 2	编号	姓名	性别	年龄	职业	工种	实验成绩	考试成绩	总评
3	1	赵芳	女	23	秘书	办公应用	65	80	
4	2	刘品华	男	26	工人	计算机操作员	66	76.5	
5	3	余晓娟	女	24	学生	计算机操作员	86	89	
6	4	陈永林	男	23	学生	办公应用	75	73	
7	5	高海英	女	28	秘书	办公应用	87	88	
8	6	王兰华	女	25	秘书	办公应用	76	82	
9	7	吴海天	男	31	工人	计算机操作员	83	78.5	
10	8	吴政昆	男	26	工人	办公应用	68	73	
11		平均分							

图 4-23　职业技术考核成绩表

(3)将工作表 Sheet1 第 F 列删除;

(4)在工作表 Sheet1 中，计算各考生的“总评”成绩(总评 =40% ＊实验成绩 +60% ＊考试成绩);

(5)在工作表 Sheet1 中，使用函数计算“实验成绩”字段和“考试成绩”字段的平均分，结果放在第 11 行相应的单元格中。

2. 新建 Excel 工作簿

新建如图 4-24 所示 Excel 工作簿，以“销售统计表”为名，保存在自己的文件夹下，并按要求完成下列操作。

	A	B	C	D	E
1 2	商品编号	商品名称	销售量	单价(元)	利润(元)
3	1	电冰箱	300	1500	4500
4	2	彩电	500	2000	6000
5	3	电风扇	150	120	180
6	4	微波炉	600	560	7000
7	5	手机	1200	1600	13000
8	6	电瓶车	3000	1800	45000
9	7	PC机	4000	6000	80000
10	8	油烟机	500	3000	60000
11	9	洗衣机	400	3400	50000
12	合计				

图 4-24　某商场 9 月份商品销售统计表

操作要求：

(1)将 Sheet1 中商品编号一列对齐方式设为居中；

(2)将 Sheet1 中利润额超过 6000 元的商品记录复制到 Sheet2 中；

(3)对 Sheet1 中的利润一列求总和，并将结果放入 E12，并对 Sheet1 按“利润”升序排列各商品内容(不包括合计)；

(4)将销售量最少的商品名称用红色显示。

收获体会

请写出本次上机实习的收获与体会。

上机实习 4-19　Excel 综合训练(二)

上机时间：____年__月__日　第____节　上机地点：________　指导教师：________

上机目标

1. 掌握工作表数据的输入(重点是数值型、字符型、日期型)。
2. 掌握公式和基本函数的输入、序列的填充。
3. 掌握图表的建立和编辑。
4. 掌握页面纸张大小、方向，左右上下页边距和页眉、页脚的设置。

上机内容

1. 制作如图 4-25 所示 Excel 工作簿，并按要求完成下列操作。

操作要求：

(1)将工作表 Sheet1 复制到 Sheet2，并将 Sheet2 更名为“水果销售表”；

(2)在“水果销售表”数据区域右边增加一列“货物总价”，并将“单价”和“销售量”的乘积存入“货物总价”列的相应单元格；

(3)将“水果销售表”的“货物名称”和“货物总价”两列复制到 Sheet3，并将 Sheet3 中根据“货物总价”列的数据生成一“三维饼图”，显示在区域 C1 : G11，图表标题为“水果销售比例”(楷体，字号 16)，以“货物名称”为图例项，图例位于图表“左侧”；

(4)在“水果销售表”的第一行前插入标题行“水果销售表”，设置为“楷体，字号 23，合并及居中”，其余各单元格加“细实边框线”，内容“居中”。

2. 制作如图 4-26 所示 Excel 工作簿，并按要求完成下列操作。

操作要求：

(1)将工作表 Sheet1 复制到 Sheet2，并将 Sheet2 更名为“货物表”；

(2)在“货物表”数据区域右边增加一列“销售金额”，并将售价和销售量的乘积存入“销

	A	B	C	D	E
1	编号	货物名称	规格	单价(元)	销售量（元）
2	103791	砀山梨	DB-2	4.45	4123
3	103792	砀山梨	DB-3	4.3	5369
4	103793	鸭梨	DB-1A	4.56	2511
5	103794	莱阳梨	GB-2A	3.98	2720
6	103795	莱阳梨	GB-1A2	3.8	2105
7	103796	雪梨	GB-3D0	4.65	1360
8	103797	雪梨	GB-1D2	4.25	2565
9	103798	芦柑	PB-3.0	3.9	4630
10	103799	芦柑	PB-2.2	3.65	4563
11	103800	焦柑	YB-22	2.85	5332

图 4－25　水果销售表

	A	B	C	D	E
1	名称	进价（元/吨）	进货量（吨）	售价（元/吨）	销售量（吨）
2	绿豆	4250	1065	4675	987
3	赤豆	6762	3630	7438.2	2345
4	血糯米	2401	4065	2641.1	4009
5	黑芝麻	7221	930	7943.1	780
6	菜油	6402	2342	7042.2	2094
7	豆油	6630	1230	7293	1054
8	精制油	8072	765	8879.2	578
9	麻油	13402	130	14742.2	94
10	白砂糖	3750	465	4125	233
11	冰糖	2431	4125	2674.1	3126

图 4－26　货物表

售金额”列的相应单元格(取两位小数)；

(3)将“货物表”复制到 Sheet3 中，并将 Sheet3 中售价大于 3241 元的货物，售价下降 182 元，同时修改相应“销售金额”；

(4)在 Sheet3 的第一行前插入标题行“货物明细表”，设置为“黑体，字号 22，合并及居中”，页眉为“货物明细分表”(居中，楷体，倾斜，字号 16，单下划线)，页面设置居中方式为“水平和垂直居中”。

收获体会

请写出本次上机实习的收获与体会。

上机实习 4－20　Excel 综合训练(三)

上机时间:____ 年__ 月__ 日　　第____ 节　上机地点:________ 指导教师:________

上机目标

1. 掌握工作表数据的输入(重点是数值型、字符型、日期型)。
2. 掌握公式和基本函数的输入、序列的填充。
3. 掌握图表的建立和编辑。
4. 掌握页面纸张大小、方向,左右上下页边距和页眉、页脚的设置。

上机内容

1. 制作如图 4－27 所示 Excel 工作簿,并按要求完成下列操作。

	A	B	C	D	E	F
1	成　绩　单					
2	序号	姓名	语文	数学	英语	总成绩
3	1	赵一	90	89	80	
4	2	钱二	89	73	78	
5	3	孙三	72	94	74	
6	4	李四	85	76	89	
7	5	周五	69	89	79	
8	6	吴六	78	67	94	
9	7	郑七	94	87	77	
10		单科平均				

图 4－27　成绩单

操作要求:

(1)新建电子表格工作簿 book1. xls,将它另存为名为“＊＊＊. xls”(＊＊＊为本人姓名)的电子表格工作簿,保存在桌面上。

(2)将图 4－27 中数据和内容录入文件。

(3)按照要求完成数据统计工作：

在 F3 到 F9 单元格中利用求和函数 SUM 求出每人三科总成绩，并根据总成绩对所有人进行降序排序。

在 C10 到 E10 单元格中利用平均值函数 AVERAGE 求出单科成绩平均分(取小数点后两位)。

(4)排版：

将标题设置为：黑体、字号 16，加粗。正文设为：宋体，字号 12。

为 A1 到 F10 区域的表格加上所有框线。

2. 制作如图 4－28 所示 Excel 工作簿，并按要求完成下列操作。

	A	B	C	D	E	F
1	计算机2班部分学生成绩表					
2	制表日期：2015-7-21					
3	姓名	数学	外语	计算机	总分	总评
4	吴华	98	77	88		
5	钱玲	88	90	99		
6	张家鸣	67	76	76		
7	杨梅花	66	77	66		
8	汤沐化	77	65	77		
9	万科	88	92	100		
10	苏丹平	43	56	67		
11	黄亚非	57	77	65		
12	最高分					
13	平均分					

图 4－28　成绩表

(1)操作要求：

①在 D 盘下建立一新文件夹 Excel。并将新建的 Excel 表用“成绩 . xls”名字存放到新建立的文件夹中。

②将图 4－28 中内容填写到新建文件中。

(2)具体要求

①计算每个学生的总分，并求出各科目的最高分、平均分。

②将表格标题设置成华文彩云、24 磅大小、跨列居中对齐方式。

③将制表日期移到表格的下边，并设置成隶书、加粗倾斜、12 磅。

④将表格各栏列宽设置为 8. 5。列标题行行高设置为 25，其余行高为最合适的行高。列标题粗体、水平和垂直居中，天蓝色的底纹。再将表格中的其他内容居中，平均分保留小数 1 位。按样表设置表格边框线。

⑤对学生的每门课中最高分以粗体、蓝色字、12.5%灰色底纹显示。

提示：使用条件格式。

⑥选中表格中 A3：C8 范围的数据，在当前工作表 Sheet1 中创建嵌入的簇状柱形图图表，图表标题为"学生成绩表"。将该图表移动，放大到 B16：H29 区域。

⑦将工作表改名为"成绩表"。

⑧对"成绩表"进行页面设置：纸张大小为 A4，表格打印设置为水平、垂直居中，上、下边距为 3 厘米。设置页眉为"学生成绩表"，格式为居中、粗斜体。设置页脚为"制表人：×××"，×××为自己的姓名，靠右对齐。

Excel 电子表格练习题

一、单项选择题

1. 一个 Excel 2003 工作簿文件第一次存盘默认的扩展名是（　　）。

A. . WK1　　B. . XLS　　C. . XCL　　D. . DOC

2. 在 Excel 2003 中，新建工作簿后，默认工作簿的名称为（　　）。

A. Book　　B. Sheet1　　C. Book1　　D. 表 1

3. 符合 Excel 2003 默认工作表名的是（　　）。

A. Sheet4　　B. Sheet　　C. Book3　　D. Table

4. 在 Excel 2003 中，若要把工作簿保存在磁盘上，可按键（　　）。

A. Ctrl + C　　B. Ctrl + S　　C. Ctrl + E　　D. Ctrl + N

5. 在 Excel 2003 中，以下方法中可用于退出 Excel 2003 应用程序的是（　　）。

A. 双击标题栏

B. 执行"文件"|"退出"命令，或单击 Excel 2003 应用程序窗口标题栏关闭按钮 ×

C. 选择"文件"菜单中的"关闭"命令

D. 选择"编辑"菜单中的删除工作表命令

6. 下面所列哪一种不是 Excel 2003 工作簿的保存方法？（　　）

A. 执行文件菜单中的"另存为"命令　　B. 单击工具栏中"保存"按钮

C. 按"Ctrl + S"键　　D. 执行"编辑"|"保存"命令

7. 在 Excel 2003 中工作簿名称被放置在（　　）。

A. 标题栏　　B. 状态栏　　C. 工具栏　　D. 菜单栏

8. 在 Excel 2003 中，如果不允许修改工作表中的内容，可以使用的命令是（　　）。

A. "文件"|"另存为"|"保存"命令　　B. "工具"|"保护"|"保护工作表"

C. "工具"|"保护"|"保护工作簿"　　D. "工具"|"保护"|"保护并共享工作簿"

9. 在 Excel 2003 中设置"打开权限密码"的作用是（　　）。

A. 控制用户的修改权限　　B. 控制用户的读权限

C. 控制用户的写权限　　D. 控制用户的打开权限

10. 在 Excel 2003 中，若要为新建工作簿和工作表设置默认字体（　　）。

A. 可以通过"视图"菜单中的命令　　B. 可以通过"格式"菜单中的命令

C. 可以通过执行“工具”|“选项”命令，在“常规”选项卡中设置

D. 不能实现

11. 在 Excel 2003 中，执行了“插入”|“工作表”命令后，新插入的工作表(　　)。

A. 在当前工作表之前　　B. 在当前工作表之后

C. 在所有工作表的前面　　D. 在所有工作表的后面

12. 在 Excel 2003 中，“A1：D4”表示(　　)。

A. A1 和 D4 单元格

B. 左上角为 A1、右下角为 D4 的单元格区域

C. A、B、C、D 四列

D. 1、2、3、4 四行

13. 在 Excel 2003 中，输入分数 1/2 的方法是(　　)。(下面□表示空格)

A. －1/2　　B. 01/2　　C. 0□1/2　　D. 0.5

14. 启动 Excel 2003 后，出现由(　　)张工作表组成的工作簿。

A. 1　　B. 3　　C. 2　　D. 4

15. 在 Excel 2003 中单元格地址是指(　　)。

A. 每一个单元格　　B. 每一个单元格的大小

C. 单元格所在的工作表　　D. 单元格在工作表中的位置

16. 在 Excel 2003 中，工作表的列号范围是(　　)。

A. A ~ IV　　B. A ~ VI　　C. 1 ~ 256　　D. A ~ UI

17. Excel 2003 工作表的行号用(　　)标识。

A. 数字：1，2，3，…　　B. 英文小写字母：a，b，c，…

C. 英文大写字母：A，B，C，…　　D. 随用户定义

18. 在 Excel 2003 中，表示第一行第一列单元格地址的是(　　)。

A. AA　　B. B1　　C. 1A　　D. A1

19. 在 Excel 2003 中，活动单元格是指(　　)。

A. 可以随意移动的单元格　　B. 随其他单元格的变化而变化的单元格

C. 已经改动了的单元格　　D. 正在操作的单元格

20. 在 Excel 2003 工作表中，当选定一个单元格后，其单元格名称显示在(　　)。

A. 编辑栏　　B. 任意单元格　　C. 当前单元格　　D. 名称框

21. 在 Excel 2003 中，选中单元格后，单击 DEL 键，将(　　)。

A. 删除选中单元格和里面的内容　　B. 清除选中单元格中的内容

C. 清除选中单元格中的格式　　D. 清除选中单元格中的内容和格式

22. 在 Excel 2003 中，删除已设置的单元格格式的命令是(　　)。

A. 使用“编辑”|“清除”|“格式”命令　　B. 使用“编辑”|“删除”命令

C. 使用“文件”|“删除单元格”命令　　D. 右击单元格，再选“删除”

23. 在 Excel 2003 中，若要在当前单元格的左方插入一个单元格，在右击该单元格后在弹出的“插入”对话框中选择(　　)。

A. 整行　　B. 活动单元格右移

C. 整列　　D. 活动单元格下移

24. 在 Excel 2003 中，把单元格指针移到 AZ2500 单元格的最快速的方法是(　　)。

A. 拖动滚动条　　B. 按"Ctrl"+方向键

C. 在名称框输入 AZ2500，并按回车键

D. 先用"Ctrl+→"键移到 AZ 列，再用"Ctrl+↓"键移到 1000 行

25. 在 Excel 2003 中，填充柄位于(　　)。

A. 当前单元格的左下角　　B. 标准工具栏里

C. 当前单元格的右下角　　D. 当前单元格的右上角

26. 在 Excel 2003 默认状态下，若在 A1 单元格中输入(123)，则 A1 单元格中的内容是(　　)。

A. -123　　B. 字符串 123

C. 数值 123　　D. 字符串(123)

27. 在 Excel 2003 中，在单元格中输入数字字符串 100102(邮政编码)时，应输入(　　)。

A. 100102　　B. "100102"　　C. '100102　　D. '100102'

28. 在 Excel 2003 中，在一个单元格里输入文本时，文本的默认对齐方式是(　　)。

A. 左对齐　　B. 右对齐　　C. 居中对齐　　D. 随机对齐

29. 在 Excel 2003 中，如果单元格 A1 中内容为"Mon"，那么向下拖动填充柄到 A3，则 A3 单元格中内容应为(　　)。

A. Wed　　B. Mon　　C. Tue　　D. Fri

30. 在 Excel 2003 中，可以使用(　　)菜单中的命令来为单元格加上批注。

A. 工具　　B. 格式　　C. 插入　　D. 数据

31. 在 Excel 2003 中，以下有关格式化工作表的叙述不正确的是(　　)。

A. 数字格式只适用于单元格中的数值数据

B. 字体格式适用于单元格中的数值数据和文本数据

C. 使用"格式刷"只能在同一张工作表中进行格式化

D. 使用"格式刷"可以格式化工作表中的单元格

32. 在 Excel 2003 中，工作表的列宽可以通过(　　)。

A. "数据"|"列"命令来完成调整　　B. "编辑"|"列"命令来完成调整

C. "格式"|"列"命令来完成调整　　D. "文件"|"列"命令来完成调整

33. 在 Excel 2003 中，将所选多列按指定数字调整为等列宽最快的方法是(　　)。

A. 直接在列标处拖动到等列宽　　B. 执行"格式"|"列"|"列宽"命令

C. 一列一列地调整　　D. 执行"格式"|"列"|"最合适列宽"命令

34. 在 Excel 2003 中，工作表重命名的过程是(　　)。

A. 执行"文件"|"重命名"命令　　B. 执行"编辑"|"重命名"命令

C. 执行"格式"|"重命名"命令　　D. A、B、C 均不正确

35. 在 Excel 2003 工作表中，A5 的内容是 A5，拖动填充柄至 C5，则 B5，C5 单元格的内容分别为(　　)。

A. B5，C5　　B. B6，C7　　C. A6，A7　　D. A5，A5

36. 在 Excel 2003 中，下列序列中不属于 Excel 2003 预设自动填充序列的是(　　)。

A. 星期一、星期二、星期三、… B. 一车间、二车间、三车间、…
C. 甲、乙、丙、… D. Mon、Tue、Wed、…

37. Excel 2003 规定，公式必须以(　　)开头。
A. 逗号“，” B. 等号“=” C. 小数点“·” D. 星号“*”

38. 在 Excel 2003 中，公式“=$C1+E$1”中的引用是(　　)。
A. 相对引用 B. 绝对引用 C. 混合引用 D. 任意引用

39. 在 Excel 2003 中，若在 A2 单元格中输入“=8^2”，则显示结果为(　　)。
A. 16 B. 64 C. =8^2 D. 8^2

40. Excel 2003 中，公式“=AVERAGE(A1：A4)”等价于下列公式中的(　　)。
A. =A1+A2+A3+A4 B. =A1+A2+A3+A4/4
C. =(A1+A2+A3+A4)/4 D. =(A1+A2+A3+A4)\4

41. 在 Excel 2003 中，将 B2 单元格中的公式“=A1+A2-C1”复制到单元格 C3 后公式为(　　)。
A. =A1+A2-C6 B. =B2+B3-D2 C. =D1+D2-F6 D. =D1+D2+D6

42. 已知 A1、B1 单元格中的数据为 33、35，C1 中的公式为“A1+B1”，其他单元格均为空，若把 C1 中的公式复制到 C2，则 C2 显示为(　　)。
A. 88 B. 0 C. A1+B1 D. 55

43. 在 Excel 2003 中计算平均值、求和、最大值函数分别是(　　)。
A. AVERAGE，SUM，MAX B. COUNT，SUM，AVERAGE
C. IF，COUNT，MAX D. SUM，AVERAGE，MAX

44. 在 Excel 2003 中，在打印学生成绩单时，对不及格的成绩用醒目的方式表示(如加图案等)，当要处理大量的学生成绩时，利用最为方便的命令是(　　)。
A. 查找 B. 条件格式 C. 数据筛选 D. 定位

45. 在 Excel 2003 中，工作表 G8 单元格的值为 7654.375，执行某操作之后，在 G8 单元格中显示一串“#”符号，说明 G8 单元格的(　　)。
A. 公式有错，无法计算 B. 数据已经因操作失误而丢失
C. 显示宽度不够，只要调整宽度即可 D. 格式与类型不匹配，无法显示

46. 在 Excel 2003 中，当操作数发生变化时，公式的运算结果(　　)。
A. 会发生改变 B. 不会发生改变
C. 与操作数没有关系 D. 会显示出错信息

47. 在 Excel 2003 中，以下操作会在字段名的单元格内加上一个下拉按钮的命令是(　　)。
A. 记录单 B. 自动筛选 C. 排序 D. 分类汇总

48. 在 Excel 2003 中，用筛选条件“英语>75 与总分>=240”对成绩数据进行筛选后，在筛选结果中显示的是(　　)。
A. 英语>75 的记录 B. 英语>75 且总分>=240 的记录
C. 总分>=240 的记录 D. 英语>75 的或总分>=240 的记录

49. 在进行分类汇总前必须对数据清单进行(　　)。
A. 筛选 B. 排序 C. 建立数据库 D. 有效计算

50. 在 Excel 2003 中，可以使用“分类汇总”命令来对记录进行统计分析，此命令所在的菜单是的(　　　)。

A. 编辑　　B. 格式　　C. 数据　　D. 工具

二、填空题

1. 我们将在 Excel 环境中用来储存并处理工作表数据的文件称为__________。
2. Excel 中有多个常用的简单函数，其中函数 AVERAGE(范围)的功能是__________。
3. 单元格中输入公式时，输入的第一个符号是__________。
4. 在 Microsoft Excel 2003 中，一个工作簿中最多可包含__________个工作表。
5. 表示绝对引用地址符号是__________。
6. Microsoft Excel 2003 中，保存一个工作簿默认的扩展名是__________。
7. 求工作表中 A1 到 A6 单元格中数据的和，可用____________________。
8. 在 Excel 2003 中，要在某单元格中显示“1/2”，应该输入__________。
9. Excel 2003 中单元格地址根据它被复制到其他单元格后是否会改变，分为____________________三种引用方式。
10. 在 Excel 2003 中，符号 & 属于__________运算符。

Excel 电子表格练习题答案

一、单项选择题

1～5：BCABB　　6～10：DABDC　　11～15：ABCBD　　16～20：AADDD

21～25：BABCC　　26～30：ACAAC　　31～35：CCBCC　　36～40：BBCBC

41～45：BBABC　　46～50：ABBBC

二、填空题

1. 工作簿　　2. 求范围内所有数字的平均值　　3. =

4. 255　　5. $　　6. . xls

7. (=SUM(A1：A6)或 =A1 + A2 + A3 + A4 + A5 + A6)

8. ’1/2　　9. 相对引用、绝对引用和混合引用　　10. 文本

第五章 PPT 演示文稿

上机实习 5 -1 初识 PPT2003

上机时间：____ 年__ 月__ 日 第___ 节 上机地点：________ 指导教师：________

上机目标

1. 了解演示文稿的创建方法；
2. 掌握使用设计模板制作一个演示文稿。

上机内容

一、创建演示文稿的方法

通过单击“文件”|“新建”命令或者使用快捷键(Ctrl + N)来创建幻灯片文稿。在“新建演示文稿”选项区有四个选项，可以使用______________、______________、______________、______________ 四种方式创建演示文稿。

二、使用设计模板制作一个演示文稿

利用设计模板创建如图 5 -1 所示演示文稿，并以“ * * 同学的 PPT 作品 1”为文件名，并发送给任课老师。

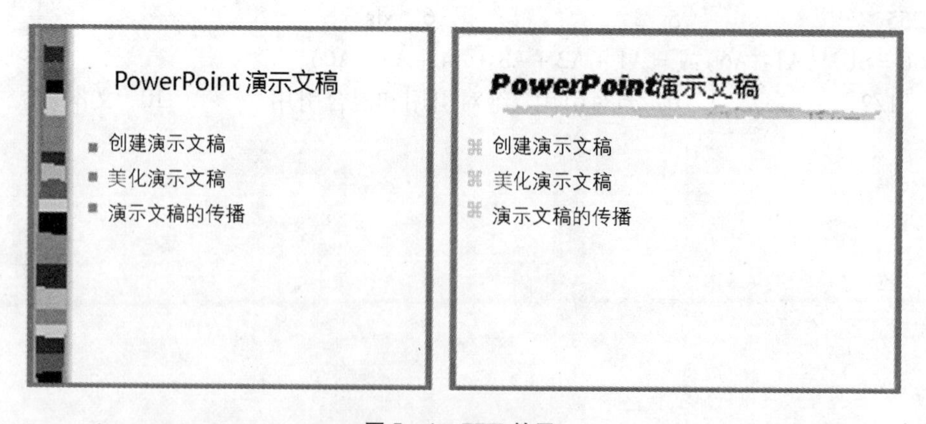

图 5 -1 PPT 效果

1. 单击“文件”菜单中的“新建”菜单项，弹出“新建演示文稿”的对话框，如图 5 -2 所示。选择“设计模板”选项卡。(也可在启动 PowerPoint 时，选择“设计模板”选择卡，如图 5 -3所示)。

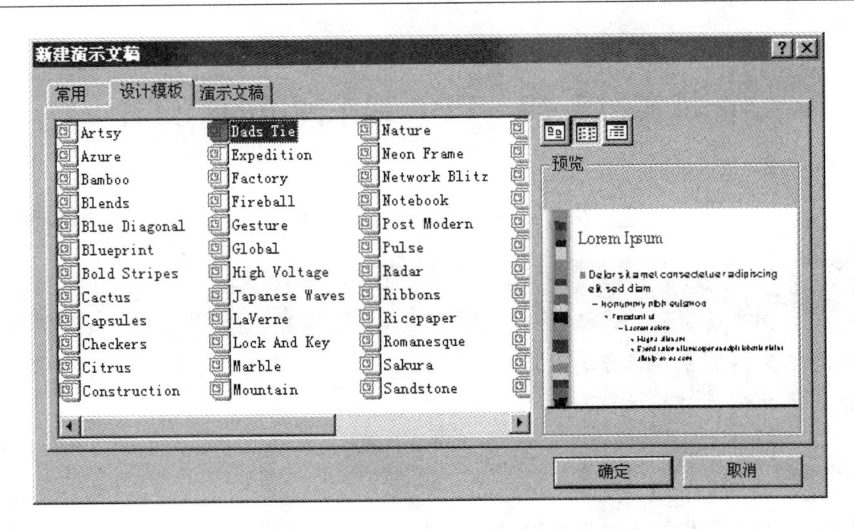

图 5－2　“新稿演示文稿”对话框

2. 前后滚动查看所有的设计模板，单击需要的模板，再单击“确定”。弹出“新幻灯片”的对话框，如图 5－4 所示。查看设计版式，然后为标题幻灯片选择一个版式。再单击“确定”，就进入了演示文稿的编辑状态。可通过插入文本框的方式在标题幻灯片上键入标题和任意内容。

3. 在增加新的幻灯片时，单击“常规任务”工具栏上的“新幻灯片”，然后选择下一张幻灯片的版式。

4. 根据需要添加的内容，重复步骤 2 和 3 添加新幻灯片。

5. 完成后，请单击“文件”菜单上的“保存”。

6. 重命名演示文稿，然后单击“保存”。

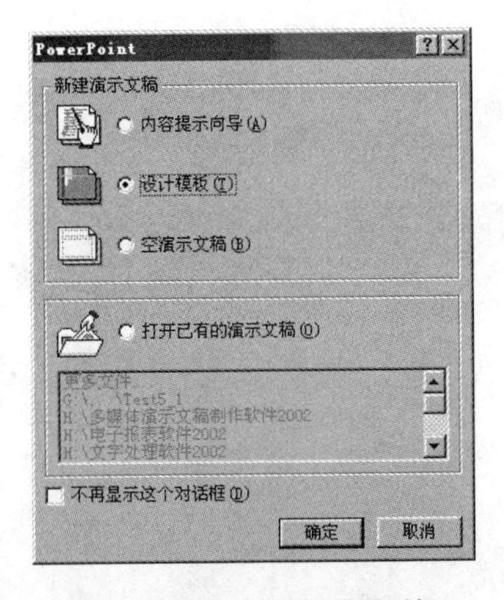

图 5－3　“PowerPoint”对话框

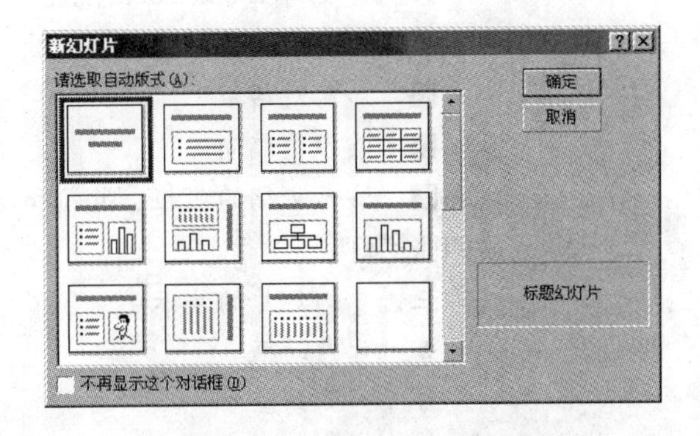

图 5－4　“新幻灯片”对话框

收获体会

上机实习 5-2　PPT 制作简单的幻灯片

上机时间：____ 年__ 月__ 日　第____ 节　上机地点：________ 指导教师：________

上机目标

1. 了解演示文稿的创建方法；
2. 掌握具体的演示文稿的创建过程。

上机内容

启动 PPT，根据下述内容和要求设计一张名为“＊＊同学的 PPT 作品 2”的幻灯片，并发送给任课老师。

1. 内容提示，输入以下内容：

第一张幻灯片

演示文稿的制作与演示

作者

专业

日期

第二张幻灯片

课程内容

◆ 第一讲 PowerPoint 2003 概述

◆ 第二讲 演示文稿的建立与编辑

◆ 第三讲 幻灯片的演示

第三张幻灯片

第一讲 PowerPoint 2003 概述

■ 幻灯片软件的启动与退出

■ 启动对话框

■ 演示文稿向导

■ 演示文稿的模板、版式和母版

第四张幻灯片

第三讲　幻灯片的演示

◆ 片内动画

◆ 片间动画

◆ 演示效果

2. 幻灯片的文本编辑和文本格式的设置要求

(1)将第一张幻灯片的标题设为隶书、加粗、48 磅、颜色为红色，其余为楷体、常规、32 磅、颜色为紫色。

(2)第二张幻灯片的标题设为黑体、常规、34 磅、蓝色，其余为宋体、常规、32 磅、深蓝色。

(3)其余幻灯片根据自己喜好自定义字体、字号、颜色。

收获体会

请写出本次上机实习的收获与体会。

上机实习 5 -3　PPT 配色方案、背景、母版的设计

上机时间：____ 年__ 月__ 日　第____ 节　上机地点：________ 指导教师：________

上机目标

1. 掌握 PowerPoint 2003 演示文稿的配色方案；
2. 掌握 PowerPoint 2003 演示文稿的背景和母版的设计。

上机内容

一、配色方案的设置

1. 启动 PowerPoint 2003，选择需要改变颜色的演示文稿。

2. 单击“格式”|“幻灯片设计”命令，出现“应用设计模板”对话框。

3. 单击“配色方案”按钮，出现如图 5 -5 所示的“应用配色方案”对话框。

4. 在图 5 -5 中的下方，单击“编辑配色方案”按钮，进入如图 5 -6 “编辑配色方案”对话框。单击“更改颜色”按钮，设置合适的颜色信息。

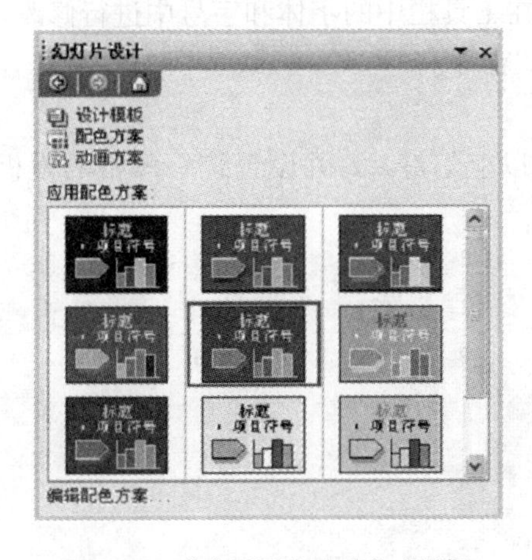

图 5 -5　“应用配色方案”对话框

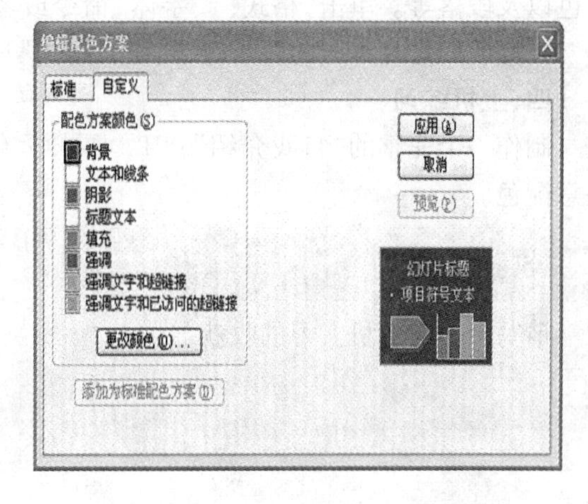

图 5 -6　“编辑配色方案”对话框

5. 选择“配色方案”对话框中的一种颜色方案后，单击“预览”命令，可以对已选颜色信息进行效果预览。

6. 单击“应用”按钮，就将所选的颜色方案应用到此演示文稿上。

二、背景设计

1. 启动 PowerPoint 2003，将需要改变背景的演示文稿作为当前演示文稿，如果要改变所有演示文稿的背景，则进入幻灯片母版中进行背景的设计。

2. 单击“格式”|“背景”命令，打开如图 5－7 所示的“背景”对话框。

3. 单击“背景”对话框中的“背景填充”栏的下拉菜单，出现所需的填充色，如图 5－8 所示对话框，选择需要的颜色。

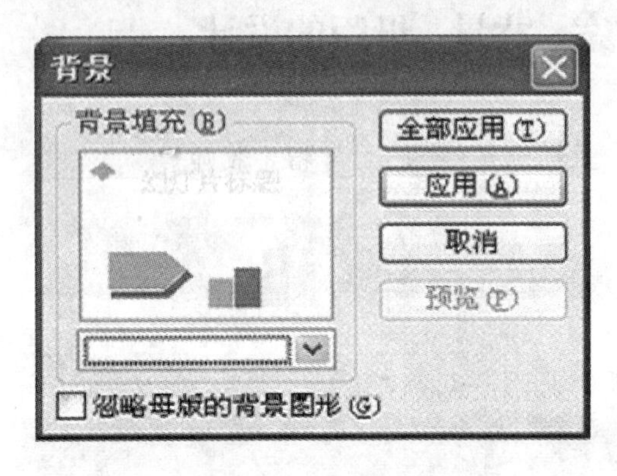

图 5－7 “背景”对话框

图 5－8 背景填充下拉菜单

三、母版的设计与修改

1. 单击“视图”|“母版”|“幻灯片母版”命令，出现“幻灯片母版”编辑窗口。

2. 设置占位符的格式。

3. 如果只对正文区域的文本进行修改，首先选择该区域占位符，然后设置字体、字号、颜色以及段落等。单击“格式”|“字体”命令或者直接在工具栏中的字体和字号中进行修改。

4. 修改幻灯片母版的背景时，单击“格式”|“背景”命令。

四、上机练习

制作一个完整的“自我介绍”PPT，要求含有五张以上幻灯片，并设置统一风格的模板，注意配色。

收获体会

请写出本次上机实习的收获与体会。

上机实习 5－4 演示文稿的编辑(一)

上机时间：____ 年__ 月__ 日 第____ 节 上机地点：________ 指导教师：________

上机目标

1. 掌握插入文本框和艺术字的操作方法；
2. 掌握插入图片及剪贴画的操作方法。

上机内容

一、插入文本框

1. 新建一张幻灯片，“空白”版式。
2. 点击“插入”菜单中的“文本框”→“水平”或者“垂直”。
3. 我们选“水平”在编辑区拖动鼠标，就会出现一个“虚线框”。
4. 在文本框中录入文本内容。

赋得古原草送别

[唐]白居易

离离原上草，一岁一枯荣。

野火烧不尽，春风吹又生。

5. 为使文字更好看、更美观，可以设置字体、字号和文字颜色。方法为：选中文字，在格式工具栏里设置字体、字号、加粗和字的颜色 。

二、插入艺术字

1. 单击“插入”→“图片”→“艺术字”，进入“艺术字”库。
2. 选一种你喜欢的艺术字，单击确定。
3. 在出现的“编辑艺术字”文字框里输入“湖南省中等职业学校”，如图 5－9 所示，编辑后单击“确定”。
4. 调整“艺术字”大小，位置，形状等。

三、插入图片及剪贴画

1. 插入图片

(1)单击“插入”→“图片”→“来自文件”。

(2)找到图片存放位置，选中图片，单击“插入”。

(3)调整图片和文字的位置。

2. 插入“剪贴画”

(1)新建一个演示文稿，选“空白”版式。

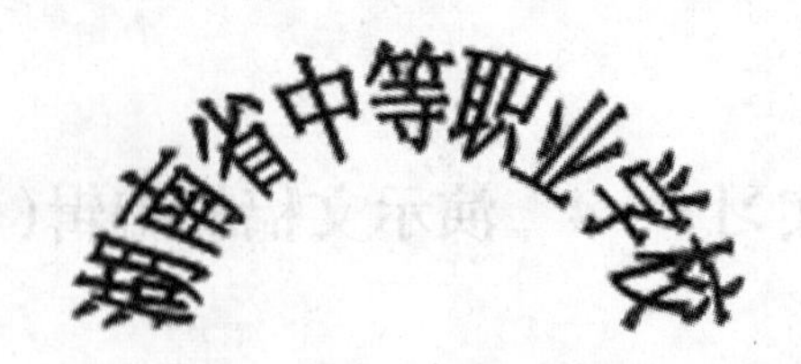

图5-8 插入艺术字

(2)单击“插入”→“图片”→“剪贴画”。任务窗格出现剪贴画选项。

(3)鼠标单击“管理剪辑”，出现“剪辑管理器”，单击 Office 收藏集前面的“+”。

(4)在 Office 收藏集选一剪贴画，复制。

(5)回到幻灯片，粘贴。

四、上机练习

制作幻灯片，要求包含艺术字、文本框、自选图形、图片等，设计风格不限。制作好后以“＊＊同学的 PPT 作品 3”为名保存好，并发送给任课老师。

收获体会

请写出本次上机实习的收获与体会。

上机实习 5-5 演示文稿的编辑(二)

上机时间：____年__月__日 第____节 上机地点：________ 指导教师：________

上机目标

1. 掌握自选图形的绘制；
2. 掌握插入图表的方法；
3. 掌握插入表格的方法。

上机内容

一、插入自选图形

单击“插入”|“图片”|“自选图形”命令，打开“自选图形”工具条，如图 5-10 所示。单击“自选图形”工具条的相应对象工具，会出现下拉菜单，在其中选择要插入的形状，这时鼠标会变成“+”，在幻灯片区域按住鼠标左键拖动，就在拖动区域中插入所选的形状。插入图形的大小，可通过鼠标拖动图形四周的控制柄进行调节，也可进行旋转操作。

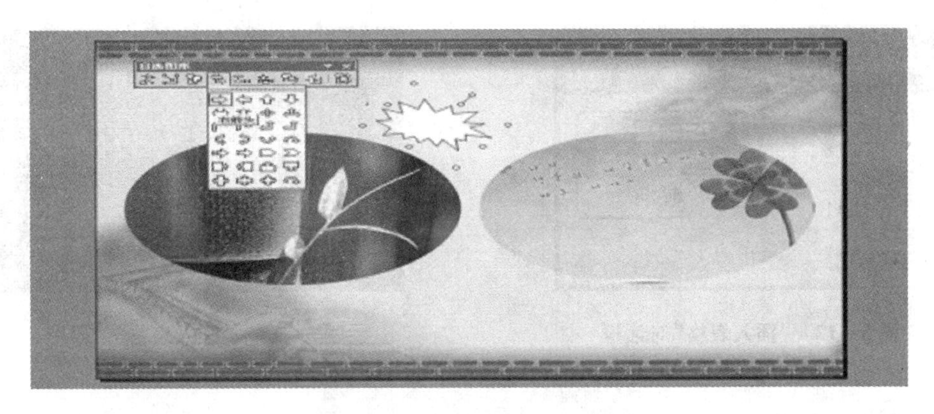

图 5－10　“自选图形”工具条

二、插入图表

单击“插入”|“图表”命令，弹出“数据表”对话框，如图 5－11 所示，同时在幻灯片上显示一组数据图。

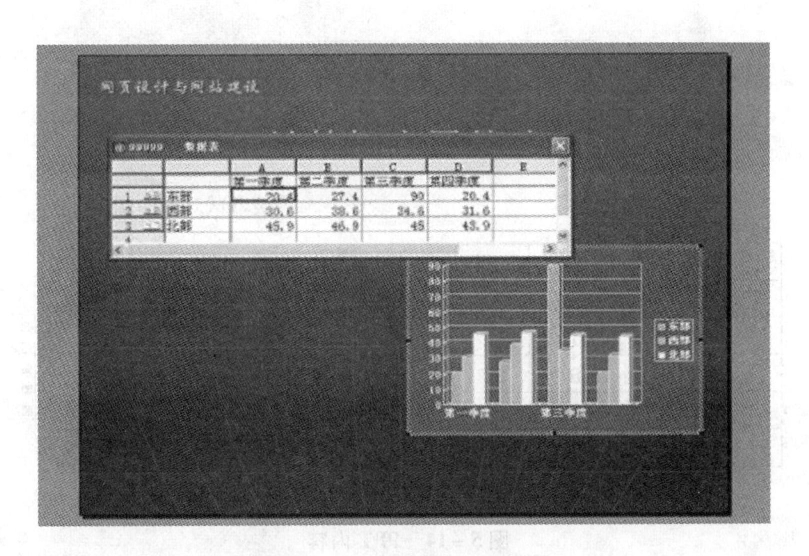

图 5－11　“数据表”对话框

三、插入表格

单击“插入”|“表格”命令或者在工具栏中直接点击表格进行创建，弹出“插入表格”对话框，如图 5－12 所示，在“插入表格”对话框中填入要建表格的行数和列数，单击“确定”按钮，表格即插入到幻灯片中，如图 5－13 所示。

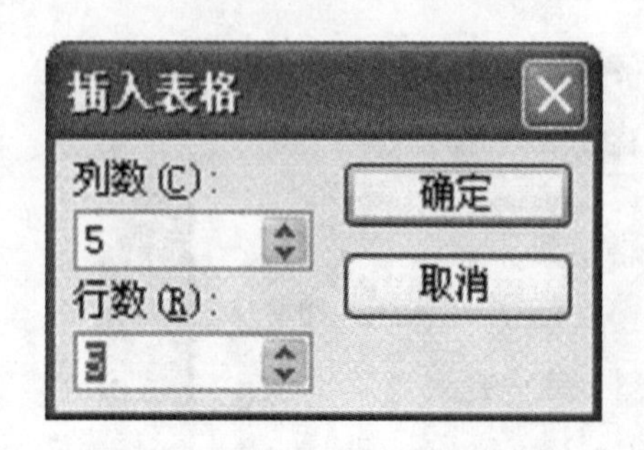

图 5－12 “插入表格”对话框

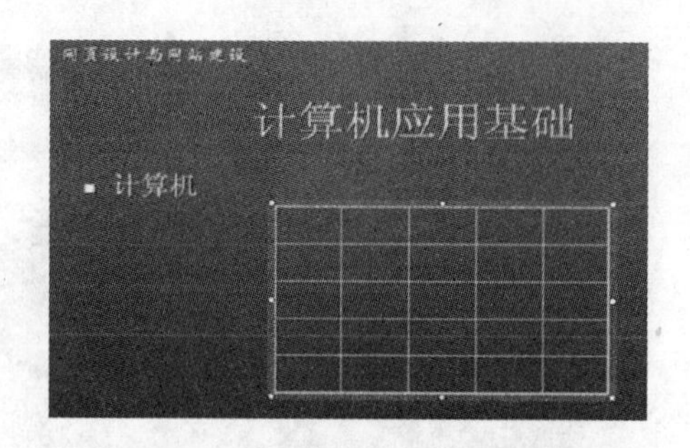

图 5－13 “插入表格”效果图

四、上机练习

制作 PPT，内容如图 5－14 所示，风格不限，制作好后以“＊＊同学的 PPT 作品 4”为名保存好，并发送给任课老师。

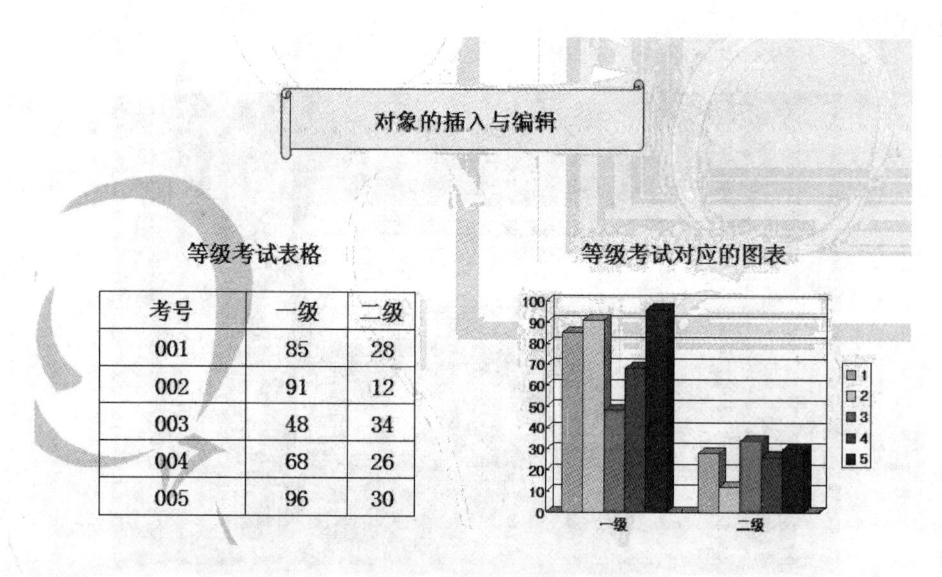

考号	一级	二级
001	85	28
002	91	12
003	48	34
004	68	26
005	96	30

图 5－14 PPT 内容

收获体会

请写出本次上机实习的收获与体会。

上机实习 5 -6　演示文稿的放映

上机时间：____ 年__ 月__ 日　　第____ 节　上机地点：________ 指导教师：________

上机目标

1. 掌握如何在演示文稿中插入影片及声音；
2. 掌握演示文稿的播放。

上机内容

一、插入来自文件的音乐

1. 单击“插入”→“影片和声音”→“文件里的声音”，找到要插入的文件，单击“确定”，在出现的对话框中点“自动”按钮。

2. 选中“幻灯片放映”→“自定义动画”，如图 5 -15 所示。

3. 单击音乐名字后面的“ ”符号，在下拉菜单里找到“效果选项”单击。

4. 设置声音在某一张幻灯片停止，单击“确定”。

5. 设置隐藏声音标志等。

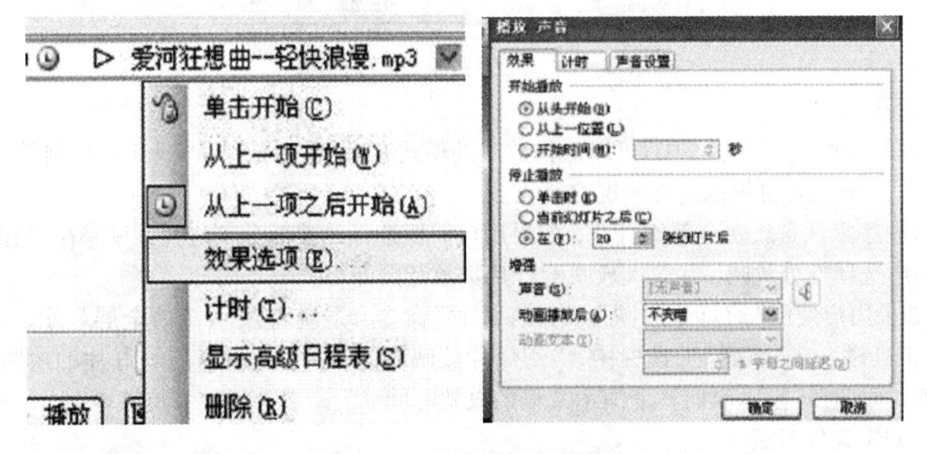

图 5 -15　“效果选项”对话框

二、录制旁白

1. 首先在你的声音控制面板里设置混音。

2. 放音乐的同时，单击“幻灯片放映”→“录制旁白”。设置你要切换幻灯片的时间。最后单击“保存”完成。

三、录制声音

1. 置混音。

2. 单击“插入”→“影片和声音”→“录制声音”。

3. 单击“录制按钮”，录制完成单击“确定”。

四、演示文稿的播放

幻灯片播放的方法有如下几种：

1. 单击“幻灯片放映”|“观看放映”命令。

2. 按 F5。

3. 单击“幻灯片放映”|“设置放映方式”命令，弹出如图 5－16 所示“设置放映方式”对话框。

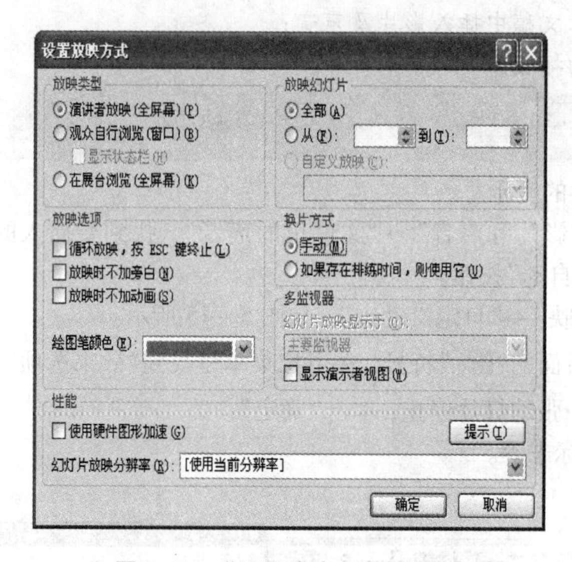

图 5－16 “设置放映方式”对话框

(1)在“放映类型”选项中，可以选择放映的模式有“演讲者放映”“观众自行浏览”和“在展台浏览”，使用者可根据实际情况自行设置。

(2)程序默认是放映全部幻灯片，如果用户需要选择放映部分幻灯片，只需在“放映幻灯片”选项中选择部分放映，并输入放映幻灯片页数范围即可。

4. 如果用户使用“幻灯片放映”|“排练计时”命令，系统将演示文稿全屏显示，并出现“预演”工具栏。在“预演”工具栏中，“幻灯片放映时间”栏中显示当前幻灯片的放映时间，“总放映时间”栏中显示当前整个演示文稿的放映时间。

五、PPT 文件打包

单击“文件”|“打包成 CD”，然后按提示操作。

六、上机制作

制作一个完整的“自我介绍”PPT，至少含有五张以上幻灯片，并要求插入背景音乐，设置“排练计时”等。

收获体会

请写出本次上机实习的收获与体会。

上机实习 5 –7　PPT 动画效果的设置

上机时间：____年__月__日　　第____节　上机地点：________　指导教师：________

上机目标

1. 掌握 PowerPoint 2003 演示文稿动画设置的基本方法；

2. 掌握演示文稿中超链接的创建方法。

上机内容

一、创建动画效果

利用“自定义动画”创建动画：

1. 选择要添加动画的文字或图片所在的幻灯片。

2. 单击“幻灯片放映”|“自定义动画”命令，出现如图 5 – 17 所示的对话框。该对话框中，包含开始事件、属性和速度等选项。

3. 在“添加效果”下拉菜单中包含有进入、强调、退出和动作路径四种动画效果，可以根据需要进行设置。

二、幻灯片切换效果

1. 单击“幻灯片放映”|“幻灯片切换”命令。

2. “幻灯片切换”对话框中的“应用于所选幻灯片”下拉菜单中，有多种切换方式可供选择。

三、演示文稿中超链接的创建

1. 插入超链接的放置区单击，或选中作为超链接的文本，单击“插入”|“超链接”。如图 5 – 18 所示。

图 5 – 17　“自定义动画”对话框

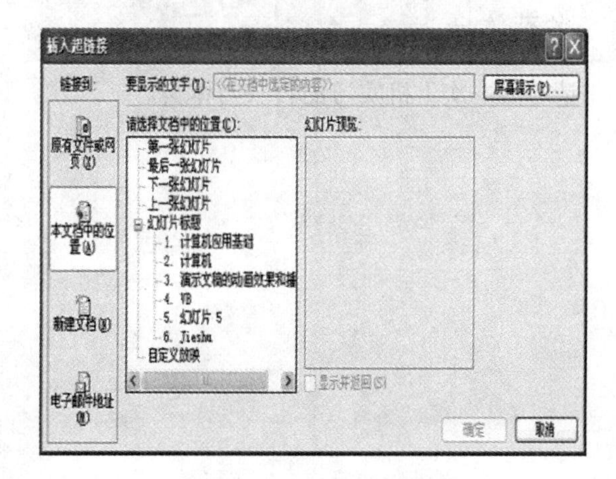

图 5 – 18　“插入超链接”对话框

2.“插入超链接”对话框中，“链接到”选项的下方，有链接跳转的目的地址。在“要显示的文字”处输入超链接文字，然后在“链接到”下的菜单中选择跳转的目的地址。如果跳转的地址是幻灯片，在“幻灯片预览”区可以观看到跳转的幻灯片页面内容，单击“确定”按钮完成超链接的添加。

3.按钮是导航按钮，和超链接一起使用。单击“幻灯片放映”|“动作按钮”命令，将弹出“动作按钮”下拉菜单。单击“动作按钮”中的一种按钮，拖拉到幻灯片中，该按钮就在幻灯片中显示。

4.幻灯片中对按钮的拖拉完成后，自动弹出“动作设置”对话框。在该对话框中，可以对按钮执行的动作进行设置。

四、上机制作

制作如图5－19所示幻灯片，并设置好动画效果、切换效果等，制作好后以“＊＊同学的PPT作品5”为名保存好，并发送给任课老师。

图5－19 PPT样图(1)

收获体会

请写出本次上机实习的收获与体会。

上机实习 5-8 PPT 综合练习(一)

上机时间：____ 年__ 月__ 日　　第____ 节　上机地点：________ 指导教师：________

上机目标

掌握 PPT 制作的全部过程、美化及动作效果等。

上机内容

一、制作诗词欣赏的演示文稿

操作如下：

1. 创建“诗词欣赏 . ppt”演示文稿，并应用“古瓶荷花 . pot”模板修饰全文。

2. 在演示文稿第一张幻灯片的主标题栏输入“诗词欣赏”，字体：华文新魏，字号：66；在副标题栏中输入“作者：hzy”，字体：华文新魏，字号：32。

3. 插入第二张幻灯片，应用“标题，剪贴画与文本”版式，在幻灯片的标题处输入文字“唐诗宋词”，文本处输入：江雪、凉州词；并插入图片“诗词赏析 . jpg”。

图 5-20 PPT 样图(2)

4. 插入第三张幻灯片，应用“垂直排列标题和文本”版式，在幻灯片的标题处输入文字

“柳宗元”，字体：宋体，字号：24；在文本处输入诗句“千山鸟飞绝，万径人踪灭。孤舟蓑笠翁，独钓寒江雪。”，字体：宋体，字号：36；插入艺术字“江雪”，字体：隶书，字号：60。

5. 重复上一步，再插入“凉州词”（葡萄美酒夜光杯，欲饮琵琶马上催。醉卧沙场君莫笑，古来征战几人回）。

6. 为第二张幻灯片的文本“江雪”添加超链接，链接到第三张幻灯片；为“凉州词”添加超链接，链接到第四张幻灯片。

二、设计一个多媒体演示文稿

要求如下：

1. 自己创作一个主题（如：奥运专题、学习方法、课外生活等），至少5张幻灯片。

2. 5张幻灯片的背景均由自己设计，每张幻灯片均要求有文字，内容要相互连贯并与主题相关。

3. 对文字部分的每个对象进行“自定义动画”设置，动画方式自己选择。

4. 任一张幻灯片要使用艺术字，并设置其动画方式为从左到右飞入。

5. 除第一张幻灯片之外，每张幻灯片上都要显示页码。

6. 每张幻灯片中都要有剪贴画，并让其从上到下飞入。

7. 设置幻灯片的页脚为“计算机等级考试”。

收获体会

请写出本次上机实习的收获与体会。

上机实习5-9　PPT综合练习(二)

上机时间：____年__月__日　第____节　上机地点：________　指导教师：________

上机目标

掌握PPT制作的全部过程、美化及动作效果等。

【上机内容】

一、设计一个多媒体演示文稿

要求如下：

1. 自己创作一个主题（如：个人简历、电影故事、职中生活等），第一张幻灯片中的标题要用艺术字。

2. 要求5张幻灯片的背景均由自己设计，每张幻灯片均要求有文字，幻灯片的内容要相互连贯并与主题相关。

3. 每张幻灯片中的对象要通过“自定义动画”进行设置（自定义动画的方式任选）。

4. 对所有幻灯片进行“幻灯片放映”中的“幻灯片切换”设置，切换方式自选。

5. 除第一张幻灯片之外，每张幻灯片上都要显示页码和页眉（内容自定）。

6. 最后一张幻灯片设置到达第一张幻灯片的按钮。

7. 在最后一张幻灯片中插入 3 行 4 列的表格，必须填入内容，内容自定。

二、制作幻灯片

内容要求如图 5－21 所求，风格动画等要求不限。但必须要有背景，动画效果及幻灯片的切换方式等的设置。

图 5－21　PPT 样图(3)

收获体会

请写出本次上机实习的收获与体会。

PPT 演示文稿练习题

一、填空题

1. PowerPoint 2003 是(　　)。

A. 数据库管理软件　B. 文字处理软件　C. 电子表格软件　D. 幻灯片制作软件

2. 演示文稿的基本组成单元是(　　)。

A. 图形　B. 幻灯片　C. 超链点　D. 文本

3. PowerPoint 2003 中主要的编辑视图是(　　)。

A. 幻灯片浏览视图　B. 普通视图　C. 幻灯片放映视图　D. 备注视图

4. PowerPoint 2003 提供了多种不同的视图，各种视图的切换可以用水平滚动条上视图切换工具栏的 3 个按钮(在左下角)来实现。这 3 个按钮分别是(　　)。

A. 普通视图、幻灯片浏览视图、幻灯片编辑视图

B. 普通视图、幻灯片浏览视图、幻灯片放映视图

C. 普通视图、幻灯片浏览视图、幻灯片版式

D. 普通视图、幻灯片查看视图、幻灯片编辑视图

5. 在 PowerPoint 2003 中，复制幻灯片一般在(　　)。

A. 普通视图下　B. 幻灯片放映视图下

C. 幻灯片浏览视图下　D. 备注页视图下

6. 在 PowerPoint 2003 幻灯片浏览视图中，选定不连续多张幻灯片，应借助的键是(　)。

A. Alt　B. Shift　C. Tab　D. Ctrl

7. 在 PowerPoint 2003 中，能编辑幻灯片中图片对象的是(　　)。

A. 备注页视图　B. 普通视图　C. 幻灯片放映视图　D. 幻灯片浏览视图

8. 在 PowerPoint 2003 各种视图中，可以同时浏览多张幻灯片，便于选择、添加、删除、移动幻灯片等操作的是(　　)。

A. 备注页视图　B. 幻灯片浏览视图　C. 普通视图　D. 幻灯片放映视图

9. 放映当前幻灯片的快捷键是(　　)。

A. F6　B. Shift + F6　C. F5　D. Shift + F5

10. 如果希望在演示文稿的播放过程中终止幻灯片的演示，随时可按的终止键是(　)键。

A. End　B. Esc　C. Ctrl + E　D. Ctrl + C

11. 在 PowerPoint 2003 中的幻灯片普通视图窗口中，在状态栏中出现了“幻灯片 2/7”的文字，则表示(　　)。

A. 共有 7 张幻灯片，目前只编辑了 2 张　B. 共有 7 张幻灯片，目前显示的是第 2 张

C. 共编辑了七分之二张的幻灯片　D. 共有 9 张幻灯片，目前显示的是第 2 张

12. 在 PowerPoint 2003 中，有关新建演示文稿，下列说法错误的是(　　)。

A. 可以根据“内容提示向导”新建演示文稿

B. 可以根据“设计模板”新建演示文稿

C. 可以根据“空演示文稿”新建演示文稿

D. 不能通过“打开已有的演示文稿”来新建演示文稿

13. 在 PowerPoint 2003 中，若要用“设计模板”创建演示文稿，下列操作正确的是(　)。

A. 在启动 PPT 时，在“新建演示文稿”对话框中选择“根据设计模板”

B. 选择 PPT 常用工具栏上的“新幻灯片”按钮，在弹出的对话框中选择“根据设计模板”

C. 选择 PPT 常用工具栏上的“新建”按钮，在弹出的对话框中选择“根据设计模板”

D. 在启动 PPT 时，在“新建演示文稿”对话框中选择“空演示文稿”

14. 创建新演示文稿的最快速的方法是(　　)。

A. 打开一个演示文稿　　B. 使用演示文稿模板

C. 使用演示文稿内容提示向导　　D. 创建空演示文稿，然后输入幻灯片内容

15. 当保存演示文稿时，出现“另存为”对话框，则说明(　　)。

A. 该文件保存时不能用该文件原来的文件名

B. 该文件不能保存

C. 该文件未保存过

D. 该文件已经保存过

16. PowerPoint 文件菜单上的“新建”命令的功能是建立(　　)。

A. 一个演示文稿　　B. 一张幻灯片

C. 一个新的模板文件　　D. 一个新的备注文件

17. 打开一个已经存在的演示文稿的常规操作是(　　)。

A. 单击“插入”菜单中的“文件”命令　　B. 单击“编辑”菜单中的“文件”命令

C. 单击“视图”菜单中的“打开”命令　　D. 单击“文件”菜单中的“打开”命令

18. “文件”菜单底部所显示的文件名是(　　)。

A. 正在使用的文件名　　B. 正在打印的文件名

C. 扩展名为 PPT 的文件名　　D. 最近被 PowerPoint 处理过的文件名

19. 若用键盘按键来关闭 PowerPoint，可以按(　　)键。

A. Alt + F4　　B. Ctrl + X　　C. Esc　　D. Shift + F4

20. 制作成功的幻灯片，如果为了以后打开时自动播放，应该在制作完成后另存的格式为(　　)。

A. PPT　　B. PPS　　C. DOC　　D. XLS

21. PowerPoint 演示文稿设计模板的文件扩展名是(　　)。

A. PPT　　B. EXE　　C. POT　　D. PPS

22. 在 PowerPoint 2003 中需要帮助时，可以按功能键(　　)。

A. “F1”　　B. “F2”　　C. “F11”　　D. “F12”

23. 在 PowerPoint 2003 中，插入一张新幻灯片的菜单操作是(　　)。

A. “视图”→“新幻灯片”　　B. “插入”→“新幻灯片”

C. “文件”→“新幻灯片”　　D. “编辑”→“新幻灯片”

24. 在新增一张幻灯片操作中，可能的默认幻灯片版式是(　　)。

A. 标题和表格　　B. 标题和图表　　C. 标题和文本　　D. 空白版式

25. 在 PowerPoint 2003 中，下列关于幻灯片版式说法正确的是(　　)。

A. 在“标题和文本版式”中不可以插入剪贴画

B. 剪贴画只能插入空白版式中

C. 任何版式中都可以插入剪贴画

D. 剪贴画只能插入剪贴画与文本版式中

26. 如果对一张幻灯片使用系统提供的版式，对其中各个对象的占位符(　　)。

A. 能用具体内容去替换，不可删除

B. 能移动位置，也不能改变格式

C. 可以删除不用，也可以在幻灯片中插入新的对象

D. 可以删除不用，但不能在幻灯片中插入新的对象

27. 若要更换另一种 PowerPoint 幻灯片的版式，下列操作正确的是(　　　)。

A. 选择“编辑”菜单下的“幻灯片版式”命令

B. 选择“格式”菜单下的“幻灯片版式”命令

C. 选择“工具”菜单下的“版式”命令

D. 选择“插入”菜单下的“版式”命令

28. 在“文本框”占位符(或文本框)中输入文字，以下不属于 PowerPoint 2003 字体格式的是(　　　)。

A. 阴影　　B. 阳文　　C. 波浪下划线　　D. 颜色

29. 将 PowercPoint 幻灯片中的所有汉字“电脑”都更换为“计算机”应使用的操作是(　)。

A. “格式”菜单中的“查找”命令　　B. “工具”菜单中的“查找”命令

C. “编辑”菜单中的“替换”命令　　D. “工具”菜单中的“替换”命令

30. 对于幻灯片中文本框内的文字，设置项目符号可以采用(　　　)。

A. “工具”菜单中的“拼音”命令项

B. “插入”菜单中的“项目符号和编号”命令项

C. “格式”菜单中的“项目符号和编号”命令项

D. “插入”菜单中的“符号”命令项

31. 在 PowerPoint 2003 中，按行列显示，并可以直接在幻灯片上修改其格式和内容的对象是(　　)。

A. 母版　　B. 表格　　C. 图表　　D. 组织结构图

32. 在 PowerPoint 2003 中插入表格的说法，下列叙述错误的是(　　　)。

A. 可以通过“常用工具栏”中的表格按钮来插入

B. 可以通过“幻灯片版式”中的表格来插入

C. 插入时需先确定好表格的列数和行数

D. 插入后的表格无法修改

33. 在 PowerPoint 2003 中，一位同学制作一份名为“我的爱好”的演示文稿，要插入一张名为“j1. jpg”的照片的文件，应该采用的操作是(　　　)。

A. 单击工具栏中的“插入艺术字”按钮

B. 选择“插入”菜单中的“图片”|“来自文件”

C. 选择“插入”菜单中的“文本框”选项

D. 单击工具栏中的“插入剪贴画”按钮

34. PowerPoint 2003 中实现插入图片的方法是(　　　)。

A. 插入→图片→剪贴画或来自文件　　B. 插入→图片→文本框

C. 插入→表格　　D. 插入→图表

35. PowerPoint 2003 中自带很多的图片文件，将它们加入演示文稿中，应插入的对象是(　　　)。

A. 剪贴画　　B. 自选图形　　C. 对象　　D. 符号

36. 在 PowerPoint 2003 中，下列说法正确的是(　　　)。

A. 不可以在幻灯片中插入剪贴画和自定义图像

B. 可以在幻灯片中插入声音和影像

C. 不可以在幻灯片中插入艺术字

D. 不可以在幻灯片中插入超链接

37. 要为所有幻灯片添加编号，下列方法中正确的是(　　　)。

A. 执行“视图”菜单的“幻灯片编号”命令即可

B. 执行“插入”菜单的“幻灯片编号”命令即可

C. 执行“格式”菜单的“幻灯片编号”命令即可

D. 以上说法全错

38. 在 PowerPoint 2003 中插入的页脚，下列说法中正确的是(　　　)。

A. 能进行格式化　　B. 每一页幻灯片上都必须显示

C. 其中的内容不能是日期　　D. 插入的日期和时间可以更新

39. 在 PowerPoint 的页面设置中，能够设置(　　　)。

A. 幻灯片页面的对齐方式　　B. 幻灯片的页脚

C. 幻灯片的页眉　　D. 幻灯片编号的起始值

40. 在幻灯片中插入的页脚(　　　)。

A. 每一页幻灯片都必须显示　　B. 能进行格式化

C. 作为每页的注释　　D. 其中的内容不能是日期

41. PowerPoint 2003 中，在浏览视图下，选定某幻灯片并拖动，可以完成的操作是(　　　)。

A. 移动幻灯片　　B. 复制幻灯片　　C. 删除幻灯片　　D. 选定幻灯片

42. 在 PowerPoint 2003 中，在浏览视图下，按住 Ctrl 键并拖动某幻灯片，可以完成的操作是(　　　)。

A. 选定幻灯片　　B. 复制幻灯片　　C. 移动幻灯片　　D. 删除幻灯片

43. 在 PowerPoint 2003 中，删除幻灯片的操作可以是(　　　)。

A. 单击常用工具栏中的“粘贴”按钮

B. 选择“编辑”菜单中的“删除幻灯片”选项

C. 选择“编辑”菜单中的“清除”选项

D. 单击常用工具栏中的“复制”按钮

44. 在对 PowerPoint 2003 中进行自定义动画设置时，可以改变的是(　　　)。

A. 幻灯片中某一对象的动画效果　　B. 幻灯片的背景

C. 幻灯片切换的速度　　D. 幻灯片的页眉和页脚

45. 在 PowerPoint 2003 中，下列说法中错误的是(　　)。

A. 可以动态显示文本和对象　　B. 可以更改动画对象的出现顺序

C. 图表不可以设置动画效果　　D. 可以设置幻灯片切换效果

46. 要想使幻灯片内的标题、图片、文字等按用户要求顺序出现，应进行的设置是(　　)。

A. 幻灯片切换　　B. 自定义动画　　C. 幻灯片链接　　D. 设置放映方式

47. 在 PowerPoint 2003 启动幻灯片放映的操作中，错误的是(　　)。

A. 单击演示文稿窗口左下角的“幻灯片放映”视图按钮

B. 选择“幻灯片放映”菜单中的“观看放映”命令

C. 选择“幻灯片放映”菜单中的“幻灯片放映”命令

D. 按 F5 键

48. 在 PowerPoint 2003 幻灯片的放映过程中，以下说法错误的是(　　)。

A. 按“B”键可实现黑屏暂停　　B. 按“W”键可实现白屏暂停

C. 单击鼠标右键可以暂停放映　　D. 放映过程中不能暂停

49. PowerPoint 2003 中，要隐藏某个幻灯片，应(　　)。

A. 选择“工具”菜单→“隐藏幻灯片”命令

B. 选择“视图”菜单→“隐藏幻灯片”命令

C. 左击该幻灯片，选择“隐藏幻灯片”

D. 选择“幻灯片放映”菜单→“隐藏幻灯片”命令

50. 在 PowerPoint 2003 的普通视图中，使用“幻灯片放映”中的“隐藏幻灯片”后，被隐藏的幻灯片将会(　　)。

A. 从文件中删除

B. 在幻灯片放映时不放映，但仍然保存在文件中

C. 在幻灯片放映时仍然可放映，但是幻灯片上的部分内容被隐藏

D. 在普通视图的编辑状态中被隐藏

51. 在 PowerPoint 2003 中，若一个演示文稿中有三张幻灯片，播放时要跳过第二张放映，可以的操作是(　　)。

A. 取消第二张幻灯片的切换效果　　B. 隐藏第二张幻灯片

C. 取消第一张幻灯片的动画效果　　D. 只能删除第二张幻灯片

52. PowerPoint 2003 中，以下的说法中正确的是(　　)。

A. 可以将演示文稿中选定的信息链接到其他演示文稿幻灯片中的任何对象

B. 可以对幻灯片中的对象设置播放动画的时间顺序

C. PowerPoint 2003 演示文稿的缺省扩展名为 . pot

D. 在一个演示文稿中能同时使用不同的模板

53. 在 PowerPoint 2003 中，只需放映全部幻灯片中的 1、5、9 三张采用的操作是(　　)。

A. 选择“幻灯片放映”菜单中的“设置放映方式”命令

B. 选择“幻灯片放映”菜单中的“自定义放映”命令

C. 选择“幻灯片放映”菜单中的“幻灯片切换”命令

D. 选择“幻灯片放映”菜单中的“自定义动画”命令

54. 在 PowerPoint 2003 中，如果要从第一张幻灯片跳转到第三张幻灯片，应该使用菜单“幻灯片放映”中的(　　)。

A. 动画方案　B. 幻灯片切换　C. 自定义动画　D. 动作设置

55. 在 PowerPoint 2003 中，单击“文件”菜单栏中的“页面设置”项，不能设置的是(　　)。

A. 幻灯片编号起始值　B. 幻灯片的大小

C. 幻灯片的方向　D. 打印机打印方式

二、填空题

1. 演示文稿幻灯片有______、______、______、______等视图。

2. 在幻灯片的视图中，向幻灯片插入图片，选择______菜单的“图片”命令，然后选择相应的命令。

3. 在放映时，若要中途退出播放状态，应按______功能键。

4. 在 PowerPoint 2003 中，为每张幻灯片设置切换声音效果的方法是使用“幻灯片放映”菜单下的______。

5. 退出 PowerPoint 2003 的快捷键是______。

6. 用 PowerPoint 2003 应用程序所创建的用于演示的文件称为______，其扩展名为______。

7. 在“设置放映方式”对话框中，有三种放映类型，分别为______、______、______。

8. 演示文稿打包所用到的菜单是______。

9. 选择排练计时使用到的菜单是______。

10. 要给幻灯片做超级链接要使用到______命令。

11. 幻灯片的母版类型包括______、标题母版、讲义母版和备注母版。

12. 利用______用户可以快速统一演示文稿的外观。

PPT 演示文稿练习题参考答案

一、选择题

1～5：DBBBC　6～10：DBBDB　11～15：BDACC　16～20：BDDAB

21～25：CABCC　26～30：CBCCC　31～35：BDBAA　36～40：BBDDC

41～45：ABBAC　46～50：CCDDB　51～55：BBBDD

二、填空题

1. 大纲视图　普通视图　幻灯片浏览视图　幻灯片视图

2. 插入　3. Esc　4. 幻灯片切换　5. Alt + F4

6. 演示文稿　.PPT　7. 演讲者放映　观众自行浏览　在展台浏览

8. 文件　9. 幻灯片放映　10. 动作设置　11. 幻灯片母版

12. 设计模板

第六章 计算机网络基础

上机实习 6-1 网页浏览

上机时间：____年__月__日　　第____节　上机地点：________ 指导教师：________

上机目标

1. 了解 IE 浏览器的窗口；
2. 掌握浏览器(IE)的基本操作。

上机内容

一、IE 窗口的基本组成

1. 启动 IE 6.0 的方法

(1) 双击 Windows XP 桌面上“Internet Explorer”图标。

(2) 单击任务栏上快速启动工具栏中的“启动 Internet Explorer 浏览器”图标。

(3) 单击主菜单中的“开始”|“所有程序”|“Internet Explorer”命令。

2. 工具栏的组成

在 IE 窗口中，认识并熟悉 IE 工具栏的组成及其运用。

二、利用浏览器查找网站

1. 在 IE 的地址栏内先后输入“新浪”和“百度搜索”的主页。然后，再重复操作，了解 IE 的记忆功能。

2. 操作方法如下：

(1) 在地址栏内输入 http://www.sina.com/(“新浪”主页网址)，并按回车键确认，则会在 IE 中打开“新浪”的主页。

(2) 在地址栏内输入 http://www.baidu.com/(“百度搜索”主页网址)，并按回车键确认，则会在 IE 中打开“百度搜索”主页。

(3) 自己动手操作，打开如下网页

http://www.sohu.com/(搜狐网)

http://www.hao123.com/(网址之家)

三、浏览器栏的使用

浏览器栏常用的有“搜索”“收藏夹”“历史记录”和“文件夹”等 4 种管理功能。

1. 使用搜索栏

使用搜索栏搜索有关“高等教育”的网页，并查找网页中的有关“中国高等教育学生信息网”的内容。

操作方法如下：

(1)单击“查看”|“浏览器栏”|“搜索”命令(也可以直接单击工具栏中的“搜索”按钮 搜索 ，在浏览器窗口的左窗格将会显示“搜索”栏。

(2)使用搜索栏搜索有关“高等教育”的网页，打开相应的网站，查找网页中的有关“中国高等教育学生信息网”的内容。

2. 使用收藏夹

(1)打开“中国高等教育信息网”网页，单击“收藏”|“添加到收藏夹”命令，打开“添加到收藏夹”对话框。利用该对话框可以收藏自己喜爱并且浏览频繁的网页。

(2)单击“创建到”按钮，在下部显示“创建到”列表框，单击“新建文件夹”按钮，打开“新建文件夹”对话框，在“文件夹名”文本框中输入“教育信息”，单击“确定”按钮，则在收藏夹中建立了一个名为“教育信息”的文件夹。

3. 使用历史记录栏

(1)单击工具栏中的“历史”按钮，浏览器窗口的左窗格显示出历史记录栏。

(2)单击历史记录栏中“查看”按钮查看(W) ▾，可以从下拉菜单中选择一种方式来查看历史记录。

收获体会

请写出本次上机实习的收获与体会。

上机实习 6-2　IE 基本设置

上机时间：____年__月__日　第____节　上机地点：________　指导教师：________

上机目标

掌握 IE(Internet Explorer)的基本设置。

上机内容

IE 基本设置的方法如下：

单击“开始”|“所有程序”|“控制面板”|“Internet 选项”图标(或启动 IE 后，单击“工具”|“Internet 选项”命令，或鼠标右键单击桌面上的 IE 图标，从弹出的快捷菜单中选择“属性”

命令)，打开如图6－1所示的“Internet选项”对话框，其中由7个选项卡组成，每个选项卡都包含了与浏览器工作环境相关的项目。

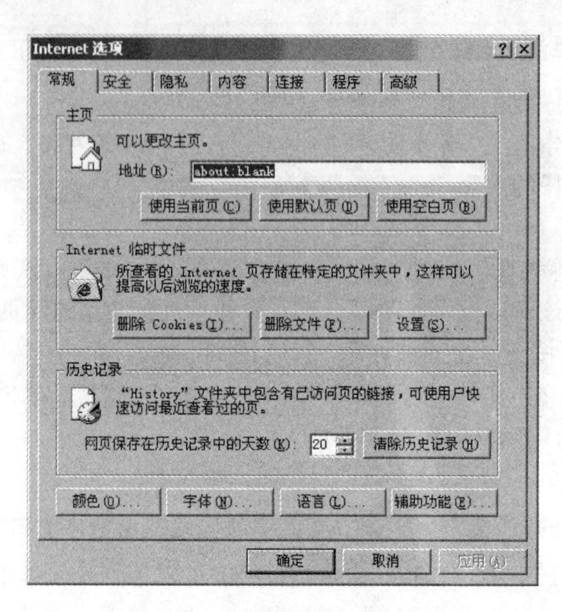

图6－1 “Internet选项”对话框

一、“常规”选项卡的设置

1.操作要求：

(1)将用户要访问的主页设置为http：//www.sina.com(即每次启动IE默认打开的网页)；

(2)将浏览过的网页保存在计算机上的天数设置为8天；

2.操作方法如下：

(1)在“主页”区域的“地址”文本框中输入“http：//www.sina.com”。

(2)在“历史记录”区域中单击“网页保存在历史记录中的天数”右边的微调按钮，或直接在微调按钮框中输入数值(如8)，使浏览过的网页可以在计算机中存留8天。

二、“安全”选项卡的设置

操作要求：查看及适当调整Web区域的安全级别，并放弃所作的修改。

操作方法如下：

(1)在“Internet选项”对话框中，单击“安全”选项卡，打开如图6－2所示的“Internet选项”对话框之“安全”选项卡。

(2)如果想自定义级别，单击“自定义级别”按钮，打开如图6－3所示“安全设置”对话框，在“设置”中设置。

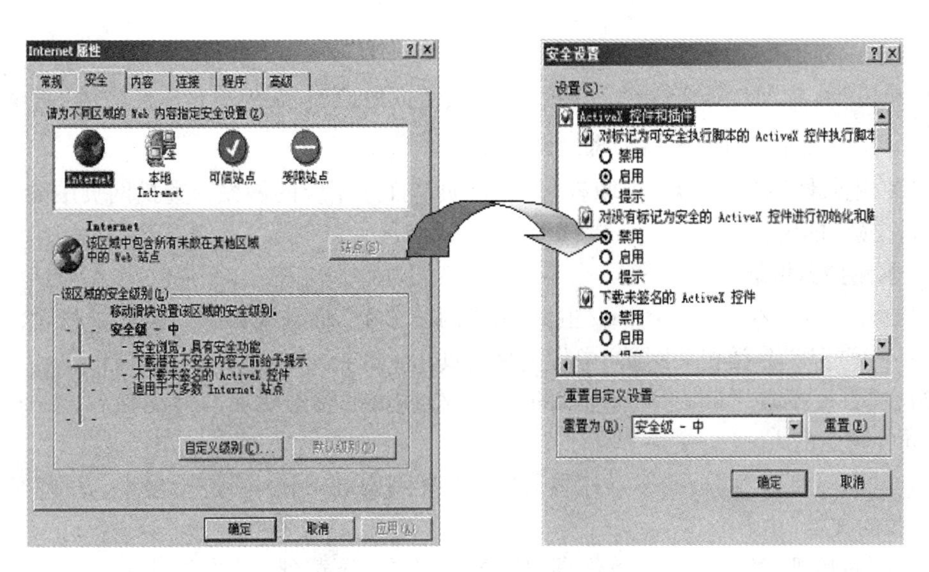

图 6－2　“安全”选项卡　　　图 6－3　“安全设置”对话框

三、“连接”选项卡的设置

(1)在“Internet 选项”对话框中，单击“连接”选项卡。

(2)如果计算机还没有与 Internet 建立连接，则单击“建立连接”按钮，打开“Internet 连接向导”对话框，可以按照向导的指示一步一步设置相应的参数值，最终与 Internet 建立起连接。

收获体会

请写出本次上机实习的收获与体会。

上机实习 6－3　信息搜索

上机时间：____年__月__日　　第____节　上机地点：________　指导教师：________

上机目标

1. 掌握搜索引擎的基本使用；
2. 掌握百度及其他搜索引擎的使用。

上机内容

一、使用搜索栏

使用搜索栏搜索有关“中职教育”的网页，并查找网页中的有关“中职教育新政策”的内容。

操作方法如下：

(1)单击“查看”|“浏览器栏”|“搜索”命令(也可以直接单击工具栏中的“搜索”按钮 搜索 ，在浏览器窗口的左窗格将会显示“搜索”栏。

(2)使用搜索栏搜索有关“中职教育”的网页，打开相应的网站，查找网页中的有关“中职教育新政策”的内容。

二、利用搜索引擎

(1)打开 http：//cn. yahoo. com/主页，从“网站分类”中进入你感兴趣的子目录，直到看到网页列表，打开“分类相关网站”中的 1 个主页，将此主页保存到“我的文档”中。

(2)在“百度搜索”(http：//www. baidu. com/)网页的搜索栏填写你的姓名，搜索看看网上和你同姓同名的人。

(3)在“百度搜索”网页的搜索栏填写“2015 年湖南高考作文”进行搜索，并将搜索结果保存到“我的文档”中。

(4)在“百度搜索”中搜索一首你喜欢的 MP3 歌曲，下载到“我的文档”中。

(5)文件下载：搜索下载 Foxmail 免费软件，保存到“我的文档”中。

问题思考

1. 列举出 3 个中文搜索引擎。

2. 利用搜索引擎找到搜索引擎的使用技巧。

3. 利用网络查询“计算机网络”的作用，查询并记录下来。

收获体会

请写出本次上机实习的收获与体会。

上机实习6-4　文件下载

上机时间：____年__月__日　第____节　上机地点：________　指导教师：________

上机目标

1. 了解各种下载方式；
2. 学会使用迅雷或网际快车下载软件、MP3、图片、电影等以及文件管理。

上机内容

一、文件下载

1. 保存整个网页

打开某个网页，执行“文件|另存为”，打开“保存网页”对话框，在保存类型中选择“网页，全部”类型。

2. 保存网页中的图片

打开某个网页，鼠标右键单击要保存的图片，弹出快捷菜单，单击“图片另存为”命令，打开“保存图片”对话框，指定保存位置和文件名即可。

3. 保存网页中文字

如果保存网页中全部文字，保存方法与保存整个网页类似，选择保存类型为“文本文件”。

4. 如果保存网页中部分文字，则先选定要保存的文字，单击鼠标右键，执行“复制”命令，将内容粘贴到文件中。

二、利用网际快车(FlashGet)下载文件

1. 利用百度下载FlashGet1.65版软件，并安装FlashGet1.65。
2. 利用FlashGet1.65下载一个计算机视频教程文件，说明FlashGet下载软件的使用方法。

三、下载文件

下载文件，并保存在你的文件夹下：

1. 下载一篇小说(如“三国演义”)；
2. 下载一首歌曲及歌词(如“江南style”)；
3. 下载一部电影(如“我们都是坏孩子”)；
4. 下载一个软件(如“酷狗”)。

收获体会

请写出本次上机实习的收获与体会。

上机实习6－5　收发电子邮件

上机时间：____年__月__日　第____节　上机地点：________　指导教师：________

上机目标

1. 掌握免费电子邮箱的申请和使用；
2. 掌握WEB方式电子邮件的收发。

上机内容

一、认识电子邮件系统

认识国内主要电子邮件系统服务商电子邮件系统，了解其功能和特点。

1. 網易 NETEASE www·163·com 电子邮件服务：163免费邮箱：http：//mail. 163. com/

126免费邮箱：http：//www. 126. com/

188财富邮箱：http：//www. 188. com/

2. 新浪网 sina.com.cn 电子邮件服务：免费邮箱 http：//mail. sina. com. cn/

VIP收费邮箱 http：//vip. sina. com. cn/

3. 邮箱 tom.com 电子邮件服务：http：//mail. tom. com/

二、163免费邮箱申请与使用

1. 登陆163邮件服务系统首页：进入“www. 163. com”首页，点击页面顶端“免费邮箱”链接，或直接输入“email. 163. com“进入。

2. 注册163免费邮箱：（申请自己的邮箱）

（1）点击“注册免费邮箱”进入注册页；

（2）可以“注册字母邮箱”、“注册手机号码邮箱”和“注册VIP邮箱”，选择自己注册的邮箱；

（3）输入账户密码等信息（注意提示）后注册完成。

注意：账户申请后，您的电子邮件地址为：账户@邮件服务器主机名（或域名）。例如：tangyh420@163. com，hxf@126. com，hxf@sina. com. cn等。

3. 登陆邮箱系统：（登陆自己的邮箱）

（1）在“www. 163. com”首页顶端输入刚申请的邮件账户及密码，并选择“163. com”后“登录”。

（2）也可登陆“mail. 163. com”，输入邮件账户及密码后登录。

4. 写信与电子邮件发送。给自己和另一同学发一封信。

5. 进行信件阅读、删除、转发、回复等操作；

6. 通讯录的使用

通讯录的作用为保存好友的 E - mail 地址，以便下次使用。通过通讯录保存同学和好友信息。

三、作业

1. 给老师发一个邮件；

2. 给老师发一个贺卡。

收获体会

请写出本次上机实习的收获与体会。

上机实习 6 - 6 网上生活及娱乐

上机时间：____ 年__ 月__ 日 第____ 节 上机地点：________ 指导教师：________

上机目标

1. 掌握 QQ 的使用方法；
2. 了解网上购物；
3. 建立自己的博客。

上机内容

一、QQ 的使用

1. 下载安装 QQ 软件。若您想体验最新的 QQ 测试版本，请进入 http：//im. qq. com/的“最新资讯”栏目页面下载即可。

2. 申请注册 QQ 号码。网址为：“http：//freeqqm. qq. com/”。

3. 查找、添加好友。查找朋友、同学 QQ 号进行添加。

4. 发送即时消息。在聊天框上边有许多应用，如视频、语音、文件传送、远程协助等等。

5. 进行 QQ 空间、邮箱、微博、游戏、宠物、音乐等的操作。

二、阿里旺旺操作指南

1. 下载与安装。从旺旺卖家版下载页面（wangwang. taobao. com/seller）点击下载，再点击“保存”，将执行文件下载到本地机器上。

2. 登陆与退出。进行阿里旺旺登录与退出操作。

3. 添加好友。如果您想要添加更多的好友，建议您做如下操作以提升权限：

（1）进行手机号码的认证；

（2）进行支付宝认证；

（3）完成更多的交易以及提升卖家或买家信用。

4. 体验一次网上购物。

三、建立新浪博客

1. 进入新浪博客首页，在“立即注册”栏填入相关信息后，点击“立即注册”按钮，按操作完善相关信息后，注册完成。

2. 作业：搜集关于环境污染的相关资料，在博客上与同学们进行交流探讨。

收获体会

请写出本次上机实习的收获与体会。

上机实习 6 – 7　网络安全知识

上机时间：____ 年__月__日　第____节　上机地点：________ 指导教师：________

上机目标

1. 了解杀毒软件的应用；
2. 了解防火墙软件的应用。

上机内容

一、360 杀毒软件

1. 双击下载下来的“360 杀毒软件”，点击“下一步”，安装完成！
2. 单击电脑右下角的 360 杀毒软件图标，了解 360 杀毒软件界面各图标或菜单的功能。

二、360 安全卫士

1. 双击下载下来的“360 安全卫士”，安装“360 安全卫士”。
2. 进行“查杀修复”“电脑清理”“优化加速”等操作。了解各操作的作用。

三、防火墙软件的应用

1. 从网上下载天网防火墙个人版。
2. 安装天网防火墙。
3. 启动防火墙，根据自己的要求配置防火墙。
4. 过一段时间，观察日志内容有什么变化。

收获体会

请写出本次上机实习的收获与体会。

计算机网络基础练习题

一、单选题

1. 超文本传输协议的英文简称是(　　)。

A. HTML　　B. HTTP　　C. XML　　D. FTP

2. 由普通文本和图像、声音、视频等文件的链接文本组成(　　)。

A. 特殊文本　　B. 文本　　C. 链接　　D. 超文本

3. 在浏览器 IE 输入“http://www.sina.com.cn”访问新浪网，其中 http 表示(　　)。

A. 文件传输协议　　B. USENET 新闻

C. 超文本传输协议　　D. 广域信息服务系统

4. HTML 的中文全称是(　　)。

A. 超文本传输协议　　B. 超文本文件

C. 超媒体文件　　D. 超文本标记语言

5. 通常我们用缩写 www 表示(　　)。

A. 电子邮件　　B. 万维网　　C. 网络广播　　D. 网络地址

6. Internet 为人们提供许多服务项目，最常用的是在 Internet 各站点之间漫游，浏览文本、图形和声音等各种信息，这项服务称为(　　)。

A. 电子邮件　　B. WWW　　C. 文件传输　　D. 网络新闻组

7. 在 Internet 中，统一资源定位器的英文缩写是(　　)。

A. HTTP　　B. URL　　C. WWW　　D. HTML

8. 下列关于 URL 的语法格式，错误的是(　　)。

A. http://www.pku.edu.cn　　B. ftp://ftp.etc.pku.edu.cn/ * pic

C. news://news.pku.edu.cn　　D. telnet://www.w3.org:80

9. 有一网站的 URL 是 http://www.eyz.hss.com，你可以确定(　　)。

A. 该网站是政府网站　　B. 该网站是教育网站

C. 该网站是商业网站　　D. 该网站在中国

10. 微软的 IE(Internet Explorer)是一种(　　)。

A. 远程登录软件

B. 收发电子邮件软件

C. 浏览器软件，用来浏览因特网 Web 网站上信息

D. 网络文件传输软件

11. 如果要保存当前网页的所有内容，可以在 IE 中点击“文件”菜单，选择(　　)。

A. 新建　　B. 打开　　C. 另存为　　D. 页面设置

12. 在 IE 浏览器中，要重新载入当前页，可单击工具栏上的(　　)按钮。

A. 后退　　B. 前进　　C. 停止　　D. 刷新

13. 要在 IE 中返回上一页，应该(　　)。

A. 单击“后退”按钮　　B. 按“F4”键　　C. 按“Delete”键　　D. 按“CTRL + D”键

14. 在 Internet Explorer 浏览器中，要保存一个网址，可以使用(　　)。

A. “历史”|“添加网址”　　B. “搜索”

C. “收藏”|“添加到收藏夹”　　D. “转移”|“添加网页”

15. 要想在 IE 中看到您最近访问过的网站的列表可以(　　)。

A. 单击“后退”按钮　　B. 按“Backspace” 键

C. 按 “CTRL + F”键　　D. 单击“标准按钮”工具栏上的“历史”按钮

16. www. cernet. edu. cn 是 Internet 上一台计算机的(　　)。

A. IP 地址　　B. 主机名　　C. 名称　　D. 命令

17. 在 IE 浏览器中可以访问(　　)。

A. FTP 站点　　B. Web 站点　　C. 邮件服务器　　D. 以上都对

18. 用 IE 浏览器浏览网页，在地址栏中输入网址时，通常可以省略的是(　　)。

A. ftp：//　　B. http：//　　C. mailto：//　　D. news：//

19. 如果在浏览网页时，发现了自己感兴趣的网页，想要把该网页的地址记住，以便以后访问，最好的办法是(　　)。

A. 用笔把该网页的地址记下来　　B. 在心里记住该网页的地址

C. 把该网页添加到收藏夹　　D. 把该网页以文本的形式保存下来

20. 用浏览器软件浏览网站时，“收藏夹”的作用是(　　)。

A. 收藏了网页中的内容　　B. 复制了网页中的内容

C. 打印网页中的内容　　D. 记住某些网站地址，方便下次访问

21. 如果要保存网页中的一幅图片，应该(　　)。

A. 点 IE 中“文件”菜单，选“另存为”　　B. 点 IE 中“文件”菜单，选“导入和导出”

C. 在图片上点鼠标右键，选“图片另存为”　　D. 点 IE 中的“收藏”菜单

22. 在 Internet Explorer 常规大小窗口和全屏幕模式之间切换，可按(　　)键。

A. F5　　B. F11　　C. CTRL + D　　D. CTRL + F

23. 在 IE 浏览器中，显示 Internet Explorer 帮助，或显示对话框中某个项目的相关帮助信息，可按(　　)键。

A. F5　　B. Ctrl + H　　C. F1　　D. Ctrl + F

24. 在 Internet 选项窗口中，“常规”选项卡中没有的功能是(　　)。

A. 可以删除临时文件夹的内容

B. 可以设置 Internet 临时文件夹的大小

C. 可以对历史记录中记录的清除及历史记录存储时间的设置

D. 以上均不正确

25. 设置历史记录保存的天数是在(　　)。

A. 在 Internet 选项“隐私”选项卡中的“高级”中进行设置

B. 在 Internet 选项“内容”选项卡中的“配置文件”中进行设置

C. 在 Internet 选项“常规”选项卡中的“历史记录”进行设置

D. 在 Internet 选项“高级”选项卡中进行设置

26. 如果在局域网内上网，点击 Internet 选项窗口中的(　　)选项卡，可设置代理服务器的地址。

A. 安全　　B. 连接　　C. 常规　　D. 高级

27. 搜索引擎其实也是一个(　　)。

A. 网站　　B. 软件　　C. 服务器　　D. 计算机

28. 下列关于搜索引擎的说法中，正确的是(　　)。

A. 搜索引擎只是一种软件，不能称之为一个网站

B. 搜索引擎既是用于检索的软件又是提供查询、检索的网站

C. 搜索引擎只是一个具有检索功能的网站，而不是一个软件

D. 搜索引擎既不是软件也不是网站，而是提供符合用户查询要求的信息资源网址的系统

29. 下列不是搜索引擎主要任务的是(　　)。

A. 信息搜集　　B. 信息处理　　C. 信息传输　　D. 信息查询

30. 下面有关搜索引擎的说法，错误的是(　　)。

A. 搜索引擎是网站提供的免费搜索服务　　B. 每个网站都有自己的搜索引擎

C. 利用搜索引擎一般都能查到相关主题　　D. 搜索引擎对关键字或词进行搜索

31. 百度搜索网站在搜索时的工作方式可分为(　　)。

A. 整体的检索和分部式的检索　　B. 信息检索和关键词的检索

C. 分类目录的检索和基于关键词的检索　　D. 信息检索和分类目录的检索

32. 利用 Google 搜索引擎进行搜索时，如果想查找“王菲的歌曲《香奈儿》”，但又不希望得到的结果是“RM”格式(Realplayer)的，下列关键字输入正确的是(　　)。

A. 可以输入：王菲 歌曲 香奈儿 - RM

B. 可以输入：王菲 歌曲 香奈儿 RM

C. 可以输入：王菲 歌曲 香奈儿 不包括 RM

D. 其他选项均不正确

33. 在 Internet 中，用于文件传输的协议是(　　)。

A. HTML　　B. SMTP　　C. FTP　　D. POP

34. 关于 Internet 中 FTP 的说法不正确的是(　　)。

A. FTP 是 Internet 上的文件传输协议　　B. 可将本地计算机的文件传到 FTP 服务器

C. 可在 FTP 服务器下载文件到本地计算机　　D. 可对 FTP 服务器的硬件进行维护

35. BBS 是一种(　　)。

A. 广告牌　　B. 网址

C. 在互联网可以提供交流平台的公告板服务　　D. Internet 的软件

36. 以下属于 BBS 访问方式的是(　　)。

A. Telnet 和 WWW　　B. E - mail 和 WWW

C. Telnet 和 Internet Explorer　　D. Internet Explorer 和 E - mail

37. telnet 协议的用途是(　　)。

A. 远程登录　　B. FTP　　C. 新闻组　　D. 超文本

38. 下列关于网上交流的说法，错误的是(　　)。

A. Telnet(远程登录)可以登录 BBS

B. “博客”是使用特定的软件，在网络上出版、发表和张贴个人文章的人，并实现网上交流

C. E - mail 也是一种网上交流形式

D. “万维网”就是 BBS 的论坛

39. 在 Internet 网上提供的基本服务有文件传输、WWW 浏览、远程登陆和(　　)。

A. 电子邮件　B. 数字图书馆　C. 互动教学　D. 视频演播

40. 与传统邮件相比，电子邮件的优点有(　　)。

A. 廉价性　B. 方便性　C. 快捷性　D. 以上都是

41. 收发电子邮件通常采用的协议是(　　)和 SMTP。

A. TCP/IP　B. HTTP　C. POP3　D. PPP

42. 如果电子邮件到达时，你的计算机没有开启，电子邮件将会(　　)。

A. 永远不能再发送　B. 需要对方再次发送

C. 保存在服务商的主机上　D. 退回发信人

43. E - mail 地址的格式为(　　)。

A. 用户名@邮件主机域名　B. @用户名邮件主机域名

C. 用户名邮件主机@域名　D. 用户名@域名邮件主机

44. SMTP 协议是(　　)。

A. 文件传输协议　B. 简单邮件传输协议

C. 传输控制协议　D. 超文本传输协议

45. 广泛使用的电子邮件地址的格式是 mailbox@computer. edu。其中 computer. edu 是(　　)。

A. 邮箱所在的计算机的字符串，即域名　B. 用户邮箱的字符串

C. 表示用户的邮箱　D. 以上都不对

二、填空题

1. 根据网络的地理覆盖范围进行分类，计算机网络可以分为以下三大类型：________、________和________。

2. 常见的网络操作系统有：________、________和________。

3. E - mail 地址由________@________组成。

4. 当前使用的 IP 地址是________bit。

5. 一个四段 IP 地址分为两部分，为________地址和________地址。

计算机网络基础练习题答案

一、选择题答案

1 ~ 5：BDCDB　6 ~ 10：BBBCC　11 ~ 15：CDACD　16 ~ 20：BDBCD

21 ~ 25：CBCDC　26 ~ 30：BCBCB　31 ~ 35：BACDC　36 ~ 40：CADAD

41 ~ 45：CCABA

二、填空题答案

1. 局域网　城域网　广域网

2. Windows NT　Netware　UNIX(或填写：Linux)

3. 用户名　主机名　4. 32　5. 网络　主机

附　录

中等职业学校计算机应用能力考试标准

一、考试目标

1. 计算机系统基本知识及使用微型计算机（以下简称微机）的初步能力。

2. Windows 操作系统的基本知识，Windows 的使用。

3. 文字处理的基本知识，Word 的使用。

4. 电子表格的基本知识，Excel 的使用。

5. 演示文稿的基本知识，PowerPoint 的使用。

6. Internet 应用的基本知识，浏览器、电子邮件的使用。

二、考试内容及范围

1. 计算机系统基本知识

（1）计算机的主要特点及应用领域。

（2）微机系统：微机硬件系统、软件系统，微机常用外部设备，键盘的使用及指法（要求每分钟输入英文字符不低于 60 个）。

（3）数制及编码：二、十、十六进制数及其相互转换，ASCII 码，汉字的编码。

（4）位、字节、字长的概念，存储设备的容量单位。

（5）计算机语言及程序。

（6）操作系统基础知识：操作系统的功能，文件、文件夹基本知识，文件管理的树型结构。

（7）多媒体计算机基础知识。

（8）计算机病毒，计算机安全使用常识，知识产权与道德规范。

2. Windows

（1）Windows 的主要特点、启动与退出。

（2）Windows 的窗口及操作。

① 鼠标的基本操作。

② 窗口的组成与操作：打开、关闭、移动、调整、最大化、最小化、还原窗口。

③ 主菜单的使用，快捷菜单的使用，工具栏的使用，各种对话框的功能与操作。

（3）文件、文件夹

① 文件与文件夹的建立、命名、重命名。

② 文件与文件夹的显示与排列。

③ 文件与文件夹选定：单个选定、多个选定、全部选定。

④ 文件与文件夹的剪切、复制、移动、删除、恢复删除。

⑤ 资源管理器的使用。

（4）Windows 的桌面

① 桌面的基本组成。

②“开始”菜单的使用。

③ 活动窗口的概念，任务栏的使用，快捷启动按钮的使用。

④ 桌面图标的使用。

⑤ 快捷方式的创建。

(5) Windows 的附件

(6) Windows 的设备管理

① 打印机的安装。

② 日期格式的调整。

③ 虚拟内存的概念、作用及调整。

④ 添加/删除程序。

⑤ 显示属性的设置。

(7) 汉字输入：掌握一种汉字输入法(要求每分钟输入 10 个以上汉字)。

(8) Windows 帮助系统的使用。

3. Word

(1) Word 的启动与退出。

(2) Word 窗口的组成与使用：标题栏、菜单栏、工具栏、格式栏、文档编辑区、滚动条、状态栏

(3) 视图方式。

(4) 文档的编辑

① 文档的新建、打开、保存、另存为、关闭。

② 插入、改写、删除、撤消与恢复；选定及对选定对象的操作；查找和替换；特殊字符的输入。

(5) 文档的排版

① 字符设置：字体、字号、字型、颜色等设置。

② 段落设置：缩进、行间距、段前段后、对齐方式等设置。

③ 分页、分栏、分节、页码设置，页眉与页脚的设置。

④ 格式刷的使用，项目符号、底纹与边框的设置。

(6) 表格处理

① 创建表格。

② 表格编辑。

③ 表格调整。

④ 表格格式设置。

⑤ 表格与文字间的相互转换。

⑥ 表格排序与图表的生成。

(7) 图文混排

① 剪贴画、艺术字、图片、文本框的操作。

② 简单图形的绘制。

(8) 文档打印

① 页面设置。

② 打印预览。

(9)邮件合并。

(10)超级链接。

4. Excel

(1)Excel 的启动与退出。

(2)基本知识

① 窗口的组成。

② 工作簿与工作表，活动单元格，填充柄，列标与行号，单元格地址。

(3)工作簿的建立

① 数据类型及各类数据的输入。

② 回车键移动方向的设置、同一单元格中输入多行文本、在多个单元格中输入同样的数据、再次输入同样的数据、填充柄的使用、规律数据的自动填充。

③ 工作表的辅助操作：工作表的选定、增加、删除、复制、移动、隐藏、取消隐藏，表名的修改，工作表背景的设置，表格线的显示与隐藏。

(4)工作表的编辑

① 工作簿的打开。

② 单元格的操作：编辑单元格中的字符、批注、单元格的选定与取消选定、拷贝、移动、删除、剪切。

③ 列的操作：选定列、取消列的选定、插入列、删除列、清除内容、列的隐藏与取消隐藏、列宽的调整。

④ 行的操作：选定行、取消行的选定、插入行、删除行、行的隐藏与取消隐藏、行高的调整。

⑤ 窗口的操作：窗口的冻结、窗口的分割。

⑥ 数据安全：工作簿级的保护、工作表级的保护。

(5)公式与函数

① 运算符。

② 公式的使用。

③ 输入函数的方法。

④ 掌握下列函数的使用：SUM( )、AVERAGE( )、MAX( )、MIN( )、COUNT( )、ROUND( )、INT( )、SUMIF( )、COUNTIF( )、IF( )、LEFT( )、RIGHT( )、MID( )、LEN( )、NOW( )、TODAY( )、YEAR( )、MONTH( )、DAY( )、WEEKDAY( )、HOUR( )、MINUTE( )。

⑤ 选择性粘贴。

⑥ 数据有效性。

(6)格式的编排

① 单元格格式设置：对齐、单元格字符过多时的处理、边框等设置。

② 页面设置。

③ 条件格式。

④ 样式套用。

⑤ 打印与预览。

(7)数据的利用

① 排序。

② 分类汇总。

③ 筛选。

④ 透视表。

⑤ 图表处理。

⑥ 网上发布。

5. PowerPoint

(1)PowerPoint 的启动与退出。

(2)PowerPoint 窗口的组成与使用。

(3)视图方式。

(4)文档的编辑。

① 文档的新建、打开、保存、另存为、关闭。

② 各种对象或素材的插入与编辑，动画效果的设置，背景的设置，动作按钮与动作设置。

(5)幻灯片的管理：幻灯片的插入、复制、移动、删除。

(6)幻灯片的放映、发布、打包。

6. Internet

(1)Internet 基础

① Internet 的基本知识。

② Internet 的主要功能。

③ TCP/IP 协议。

④ IP 地址、域名。

(2)连接 Internet

① Internet 的接入方式。

② 单机用户的入网设置。

(3)Internet 信息获取

① 统一资源定位器的概念(URL)，Internet 上的信息的浏览、搜索、下载。

② 电子邮件地址的概念，邮箱的申请，邮件的收、发，Outlook Express 的设置及收发邮件。

③ 文件传输(FTP)的概念。

④ 电子公告栏(BBS)的概念。

三、说明

1. 本《考试标准》对中等职业学校(包括普通中专、职业中专、职业高中、成人中专、电视中专、职工中专)考生适应。

2. 考试为上机考试，试卷从题库中随机生成，考试不分级。考试时间为 90 分钟。

3. 考试成绩满分为 100 分。60 分以下为不合格，60 分(含 60 分)~85 分为合格，85 分(含 85 分)以上为优秀。

4. 考点硬件要求

服务器：PII400 以上专用服务器，40G 以上硬盘，256M 以上内存，100M 或以上网卡，宽带接入。

工作站：赛扬 300 以上，2. 1G 以上硬盘，64M 以上内存，100M 或以上网卡。

5. 考点软件要求

服务器：Windows2000 Server。

工作站：Windows 2000\XP、Office2003、IE6. 0。

湖南省中等职业学校计算机应用能力考试说明

一、考试说明

1. 考试时间：90 分钟
2. 考试科目：中职计算机应用能力
3. 考试内容(总分 100 分)：

文字录入	1 题	共 10 分
计算机组装	1 题	共 4 分
Windows	2 题	共 10 分
Word	4 题	共 25 分
Excel	3 题	共 21 分
PowerPoint	1 题	共 12 分
IE	1 题	共 5 分
网络设备应用	1 题	共 5 分
ACDSee	2 题	共 8 分

二、注意事项

1. 考生必须把需要保存的文档保存到考生文件夹[D：\EXAM\ * * *]下，例如[D：\EXAM\张三]，否则，考生进行的任何操作，系统会视为无效操作。

2. 考生可以通过重做功能，重新初始化本题。重新初始化后必须重新做本题，否则本题得分为 0 分。

3. 考生在考试中应严格按照考试系统要求操作，不得擅自进行冷、热启动，复位、刷新网页及其他与考试无关的任何操作。凡未按要求操作的，一切后果由考生自负；考试结束后，考生应按系统提示迅速离开考场。

4. 重要说明：

练习之前，请进入 http：//yunpan. cn/cQpan3nGbsnU7 下载考试素材，访问密码为：b906。将该素材文件保存到 D 盘根目录下。

湖南省中等职业学校计算机应用能力考试模拟试题一

（考试素材下载地址：http：//yunpan. cn/cQpan3nGbsnU7，密码：b906）

一、打字题

I look ahead, and before me rise the fantastic towers of New York, a city that seems to have stepped. 大厦在我前面升起，似乎是童话故事的篇章中出现的一座城市，多么令人敬畏的景象，这些闪闪发光的尖塔，这些巨大的石头与钢铁的建筑群，就像众神为他们自己而建的！这幅生气蓬勃的图景是千百万人每天生命的一部分。

二、计算机组装题

图1是各种计算机设备的实物图，请选择输入设备。

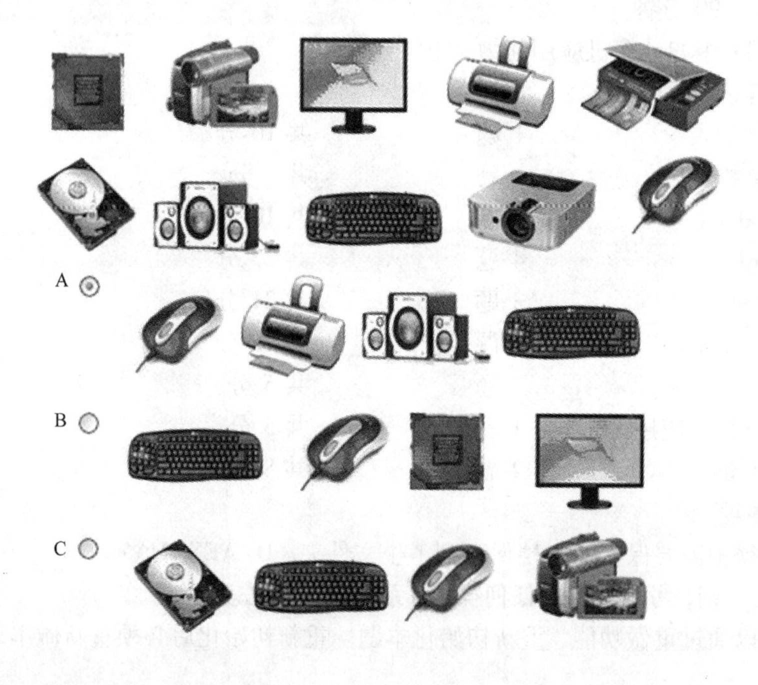

图1

三、WINDOWS 操作题

1. 在考生文件夹（D：\EXAM\张一）下进行如下操作：

（1）删除名为“win2”文件夹。

（2）建立一文本文件，文件内容为：理论合格。

（3）要求保存时文件名为“网考 . txt”。

2. 请完成以下操作：

（1）将考生文件夹（D：\EXAM\张一）下“理论”文件夹中名为“网考理论 . txt”的文件复制到文件夹名为“操作”的文件夹中，文件名改为“网考操作 . txt”。

(2)将“http：//www. 2345. com”设置为 IE 的主页。

四、Word 操作题

1. 打开考生文件夹(D：\EXAM\张一)下的“Wordz1_3. doc”文件：

(1)将全文的行距设为“固定值 20 磅”，“段前间距 0. 5 行”。

(2)添加如考生文件夹(D：\EXAM\张一)下的样文“Wordz1_3 样文 . jpg”所示的项目符号。

(3)将第一行和最后一行设置为居中对齐。

完成以上操作后，以原文件名保存到考生文件夹(D：\EXAM\张一)下。

2. 打开考生文件夹(D：\EXAM\张一)下的“Word2_3. doc”文件：

(1)对表中部门按升序排序，类型为拼音。

(2)在合计列对应的单元格用公式计算各店年度销售总额。

(3)设置表格首行高度为固定值 2 厘米。

完成以上操作后，以原文件名保存到考生文件夹(D：\EXAM\张一)下。

3. 打开考生文件夹(D：\EXAM\张一)下的“Word3_1. doc”文件：

(1)插入艺术字标题“江南第一村明清古建筑高椅村”。

艺术字样式：第三行第一列。

字体：黑体，字号 32 磅。

(2)将考生文件夹(D：\EXAM\张一)下的图片“w_gygc. jpg”插入到第一自然段和第二自然段之间，并作如下设置：

缩放：高度 60%、锁定纵横比。

环绕方式：上下型、距正文上 0. 5 厘米。

应用阴影样式 6。

完成以上操作后，以原文件名保存到考生文件夹(D：\EXAM\张一)下。

4. 打开考生文件夹(D：\EXAM\张一)下的“Word4_2. doc”文件：

(1)插入分隔符和页码：在文章的最前面插入分隔符：“分节符类型为‘下一页’”，将光标定位到文件的第 2 页，插入页码，起始页码为 1。

(2)样式的应用：将文件中图 2 所示的一级目录文字应用标题 1 样式，二级目录文字应用标题 2 样式，三级目录文字应用标题 3 样式。

目　录

第 13 章　文件操作--1

13.1　保存文件--1

13.1.1　第一次保存工作薄--1

13.1.2　配置文件选项--3

13.1.3　使用另存为--3

13.2　打开及关闭文件--4

13.2.1　打开 Excel 文件--4

13.2.2　打开文本文件--5

13.2.3　关闭文件--6

图 2

(3)插入目录：在文档的首部插入如图2所示的目录，目录格式为“优雅”、显示页码、页码右对齐，显示级别为3级，制表前导符为“……”。

完成以上操作后，以原文件名保存到考生文件夹(D:\EXAM\张一)下。

五、EXCEL 操作题

1. 在考生文件夹(D:\EXAM\张一)下，打开工作簿“Excel_销售表1-5.xls”，进行以下操作：

(1)将工作簿中的工作表“销售表”复制一份名为“销售表备份”的工作表。

(2)将工作表“销售表”中只留下“徐哲平”的记录，其他记录全部删除。

操作完毕后，以“第五销售表.xls”为文件名保存在考生文件夹(D:\EXAM\张一)下。

2. 在考生文件夹(D:\EXAM\张一)下，打开工作簿“Excel_销售表2-4.xls”，对工作表“销售总表”进行以下操作：

(1)利用函数填入折扣数据：所有单价为1000元(含1000元)以上的折扣为5%，其余折扣为3%。

(2)利用公式计算各行折扣后的销售金额(销售金额=单价*(1-折扣)*数量)。

完成以上操作后，将该工作簿保存在考生文件夹(D:\EXAM\张一)下，文件名为：第九销售表.xls。

3. 在考生文件夹(D:\EXAM\张一)下，打开工作簿“Excel_销售汇总表3-4.xls”，在当前表中插入图表，显示第1季度各门店销售额所占比例，要求如下：

(1)图表类型：分离型三维饼图。

(2)系列产生在“行”。

(3)图表标题：1季度销售对比图。

(4)数据标志：要求显示类别名称、值、百分比。

完成以上操作后，将该工作簿保存在考生文件夹(D:\EXAM\张一)下，文件名为：第二销售汇总表.xls。

结果如图3所示。

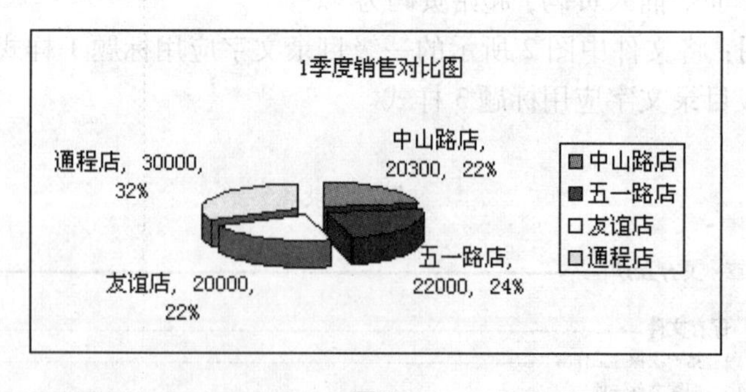

图3

六、PPT 操作题

打开考生文件夹(D:\EXAM\张一)中的pp5.ppt文件，制作包含五张幻灯片的电子课件。制作完成后以“图片欣赏.ppt”为文件名保存到考生文件夹(D:\EXAM\张一)中。制作要求如下：

(1)在最后一张幻灯片后添加一张新的空白幻灯片，插入考生文件夹(D：\EXAM\张一)中的图片 pp5. jpg 在适当位置。

(2)将第二张幻灯片的幻灯片切换方式设置成为水平百叶窗，速度为中速。

(3)在所有的幻灯片中加上背景：填充效果为单色，自定义颜色模式为 RGB(195，250，145)，底纹样式为水平。

七、IE 操作题

(1)请进入“西安邮电学院”网站，其网址为：www. xiyou. edu. cn。

(2)单击“历史”工具按钮，在历史记录中的“搜索”框中输入“程序”，进行相关搜索。

(考生单击窗口下方“打开[internet 应用]应用程序”启动 IE)

八、网络设备题

请将下列设备进行正确连接，以使三台电脑能共享 ADSL 上 Internet。

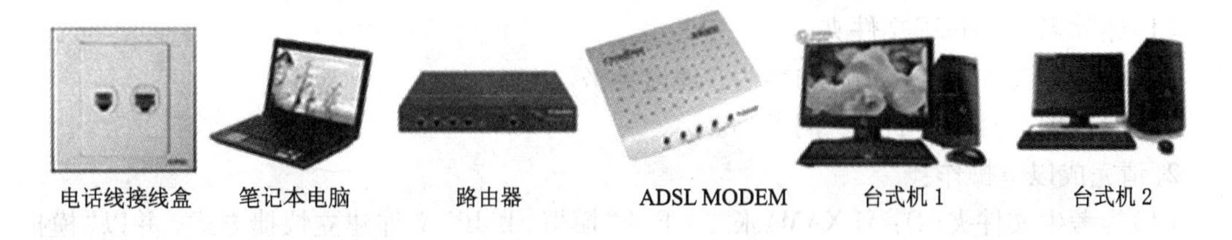

图 4

九、ACDSee 操作题

1. 请使用 ACDSee 调整图像大小及曝光度，具体要求如下：

(1)调整图像大小：将考生文件夹(D：\EXAM\张一)下的“海景图 . jpg”按“原图的百分比”调整为原图的 50%，以原文件名保存在考生文件夹(D：\EXAM\张一)下。

(2)调整图像曝光度：将考生文件夹(D：\EXAM\张一)下的“草莓 . jpg”的曝光值设为 13，对比度设为 9，以原文件名保存在考生文件夹(D：\EXAM\张一)下。

2. 请使用 ACDSee 调整图像大小，具体要求如下：

打开考生文件夹(D：\EXAM\张一)下的“西班牙城堡 . jpg”，将图像宽度调整为 300 像素，保持原始的纵横比，以原文件名保存在考生文件夹(D：\EXAM\张一)下。

湖南省中等职业学校计算机应用能力考试模拟试题二

(考试素材下载地址：http：//yunpan. cn/cQpan3nGbsnU7，密码：b906)

一、打字题：

One of my dearest memories is of the time when Joseph Jefferson allowed me to touch his face and hands. 我最宝贵的记忆之一是那次约瑟夫 · 杰佛逊表演他心爱的角色温克尔的动作和对白后让我摸他的脸和手。这样，我可以获得对梦幻世界微弱的一瞥。我将永志不忘那个时刻的愉快。但是，啊，我可能失去了多少，你们能看的人从戏剧表演中看动作、听语言的相互作用中产生了多少喜悦！

二、计算机组装题

图5是一主板侧面接口结构的实物照片，请写出正确的各主板接口名称。

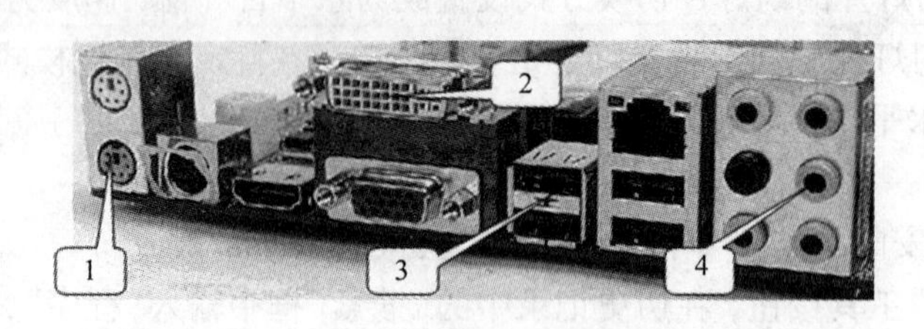

图5

三、WINDOWS 操作题

1. 在考生文件夹(D:\EXAM\张二)下进行如下操作:

(1)删除名为“win2”文件夹。

(2)建立一文本文件，文件内容为：理论合格。

(3)要求保存时文件名为：网考.txt。

2. 请完成以下操作：

(1)为考生文件夹(D:\EXAM\张二)下的“模拟.BMP”文件建立快捷方式，并以“模拟”为文件名保存到考生文件夹(D:\EXAM\张二)下。

(2)将屏幕保护程序选为“变幻线”，等待时间为10分钟。

四、WORD 操作题

1. 打开考生文件夹(D:\EXAM\张二)下的“Wordz1_1.doc”文件:

(1)将标题“招聘启事”，设为黑体、三号字、加粗，居中对齐。

(2)将正文部分，设为宋体、四号字，首行缩进2字符。

(3)插入页码：页面底端、居中、首页显示页码。

完成以上操作后，以原文件名保存到考生文件夹(D:\EXAM\张二)下。

2. 打开考生文件夹(D:\EXAM\张二)下的“Word2_2.doc”文件:

(1)将表格最后一行的1~3列合并为一个单元格。

(2)在合计行对应的单元格用公式分别计算出各季度的销售总额。

(3)将表格中所有单元格内容设置为水平居中、垂直居中。

完成以上操作后，以原文件名保存到考生文件夹(D:\EXAM\张二)下。

3. 打开考生文件夹(D:\EXAM\张二)下的“Word3_1.doc”文件:

(1)插入艺术字标题“江南第一村明清古建筑高椅村”。

艺术字样式：第三行第一列。

字体：黑体，字号32磅。

(2)将考生文件夹(D:\EXAM\张二)下的图片“w_gygc.jpg”插入到第一自然段和第二自然段之间，并作如下设置：

缩放：高度60%、锁定纵横比。

环绕方式：上下型、距正文上0.5厘米。

应用阴影样式6。

完成以上操作后，以原文件名保存到考生文件夹(D：\EXAM\张二)下。

4. 打开考生文件夹(D：\EXAM\张二)下的“Word4_1. doc”文件：

(1)插入分隔符和页码：在文章的最前面插入分隔符：“分节符类型为‘下一页’”，将光标定位到文件的第2页，插入页码，起始页码为1。

(2)样式的应用：将文件中如图6所示的一级目录文字应用标题1样式，二级目录文字应用标题2样式，三级目录文字应用标题3样式。

(3)插入目录：在文档的首部插入如图6所示的目录，目录格式为“正式”、显示页码、页码右对齐，显示级别为3级，制表前导符为“……”。

目　录

第10章 EXCEL XP 的新特性 1

10.1　EXCEL XP 的新界面 1

10.2　EXCEL XP 的新增功能 1

10.2.1　导入数据 *2*

10.2.2　公式和函数 *2*

10.2.3　设置工作簿和工作表的格式 *3*

10.2.4　其他新增功能 *4*

图6

完成以上操作后，以原文件名保存到考生文件夹(D：\EXAM\张二)下。

五、EXCEL 操作题

1. 在考生文件夹(D：\EXAM\张二)下，打开工作簿“Excel_销售表1-5. xls”，进行以下操作：

(1)将工作簿中的工作表“销售表”复制一份名为“销售表备份”的工作表。

(2)将工作表“销售表”中只留下“徐哲平”的记录，其他记录全部删除。

操作完毕后，以“第五销售表.xls”为文件名保存在考生文件夹(D：\EXAM\张二)下。

2. 在考生文件夹(D：\EXAM\张二)下，打开工作簿“Excel_销售表2-4. xls”，对工作表“销售总表”进行以下操作：

(1)利用函数填入折扣数据：所有单价为1000元(含1000元)以上的折扣为5%，其余折扣为3%。

(2)利用公式计算各行折扣后的销售金额(销售金额=单价*(1-折扣)*数量)。

完成以上操作后，将该工作簿保存在考生文件夹(D：\EXAM\张二)下，文件名为：第九销售表.xls。

3. 在考生文件夹(D：\EXAM\张二)下，打开工作簿“Excel_销售汇总表3-3. xls”，在当前表中建立数据的图表，要求如下：

(1)图表类型：簇状柱形图。

(2)系列产生在“行”。

(3)图表标题：红日信息公司。

(4)分类(X)轴：门店。

(5)数值(Y)轴：销售额。

完成以上操作后，将该工作簿保存在考生文件夹（D：\EXAM\张二）下，文件名为：第一销售汇总表.xls。

结果如图7所示。

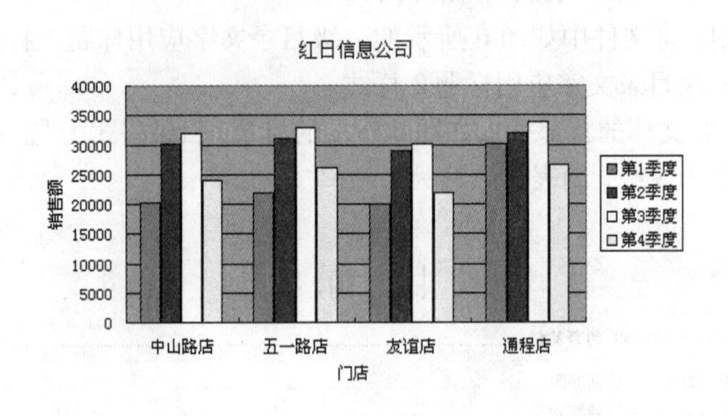

图7

4. 利用电子表格软件，在考生文件夹（D：\EXAM\张二）打开名为“Excel_销售表1-6.xls”的工作簿，完成以下操作：

（1）用函数计算出系统当前日期的“年”，填入D26中。

（2）用函数计算出系统当前日期的“月”，填入F26中。

（3）用函数计算出系统当前日期的“日”，填入H26中。

完成以上操作后，将该工作簿保存在考生文件夹（D：\EXAM\张二）下，文件名为：年月日.xls。

六、PPT操作题

打开考生文件夹（D：\EXAM\张二）下的文件“pp2.ppt”，并完成如下操作：

（1）插入一张空白版式幻灯片作为第一张幻灯片，在该幻灯片的右下方插入文本框，输入横排文字：望月怀远（宋体48磅、倾斜）。

（2）在第二张幻灯片中插入考生文件夹（D：\EXAM\张二）下的声音文件：sou2.mid，要求自动播放。

（3）将所有幻灯片的切换方式设置为：左右向中部收缩（即：左右向中央收缩）。

完成以上操作后，将该文件以原文件名保存在考生文件夹（D：\EXAM\张二）下。

注意：在PowerPoint 2003中，自定义动画均指“进入”时的动画。

七、IE操作题

（1）请进入“中国教育和科研计算机网”，其网址为：www.eduxp.com。

（2）保存该网页到考生文件夹（D：\EXAM\张二）下，文件名为：wangye9.htm。

（考生单击窗口下方“打开[internet应用]应用程序”启动IE）

八、网络设备题

请将下列设备进行正确连接，以使三台电脑能共享ADSL上Internet。

九、ACDSee操作题

1. 请使用ACDSee调整图像大小及曝光度，具体要求如下：

图8

(1)调整图像大小：将考生文件夹(D：\EXAM\张二)下的“海景图.jpg”按“原图的百分比”调整为原图的50%，以原文件名保存在考生文件夹(D：\EXAM\张二)下。

(2)调整图像曝光度：将考生文件夹(D：\EXAM\张二)下的“草莓.jpg”的曝光值设为13，对比度设为9，以原文件名保存在考生文件夹(D：\EXAM\张二)下。

2.请使用ACDSee调整图像大小，具体要求如下：

(1)调整图像大小：打开考生文件夹(D：\EXAM\张二)下的图片“宁静的校园.jpg”，将其宽度调整为200像素，保持原始的纵横比，以原文件名保存在考生文件夹(D：\EXAM\张二)下。

(2)转换图像格式：将考生文件夹(D：\EXAM\张二)下的“油菜花.bmp”转换成GIF格式，以原文件名保存在考生文件夹(D：\EXAM\张二)下。

湖南省中等职业学校计算机应用能力考试模拟试题三

(考试素材下载地址：http：//yunpan.cn/cQpan3nGbsnU7，密码：b906)

一、打字题

Upon my short visit to this temple of art I should not be able to review a fraction of that great world of art. 殿堂的短暂访问中，我不应只能看到那对你开放的伟大艺术世界的一个部分，我只能是获得一个表面的印象。艺术家告诉我，要能真正深刻地鉴赏，他得要训练他的眼力。他必须通过经验学会衡量线条构图，形态和色彩的价值。

二、组装操作题

图9是一主板侧面接口结构的实物照片，请写出正确的各主板接口名称。

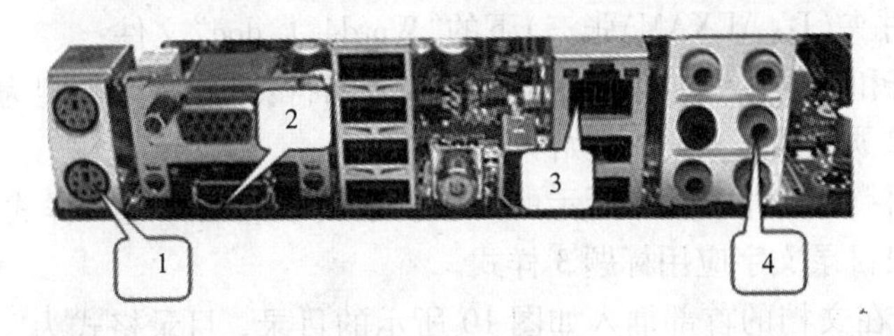

图9

三、WINDOWS 操作题

1. 在考生文件夹(D:\EXAM\张三)下进行如下操作:

(1)建立一文件夹,文件夹名为:网考。

(2)在"网考"文件夹下建立一文本文件,文件内容为:祝你成功。

(3)要求保存时文件名为:宣传.txt。

2. 请完成以下操作:

(1)将本机的 IP 地址写入考生文件夹(D:\EXAM\张三)下名为"网络地址.txt"的文件中(若本机没有设置 IP 地址,则在该文件中输入"无")。

(2)将"http://www.htcce.com"设置为 IE 的主页。

四、WORD 操作题

1. 打开考生文件夹(D:\EXAM\张三)下的"Wordz1_3.doc"文件:

(1)将全文的行距设为"固定值 20 磅","段前间距 0.5 行"。

(2)添加如考生文件夹(D:\EXAM\张三)下的样文"Wordz1_3 样文.jpg"所示的项目符号。

(3)将第一行和最后一行设置为居中对齐。

完成以上操作后,以原文件名保存到考生文件夹(D:\EXAM\张三)下。

2. 打开考生文件夹(D:\EXAM\张三)下的"Word2_3.doc"文件:

(1)对表中部门按升序排序,类型为拼音。

(2)在合计列对应的单元格用公式计算各店年度销售总额。

(3)设置表格首行高度为固定值 2 厘米。

完成以上操作后,以原文件名保存到考生文件夹(D:\EXAM\张三)下。

3. 打开考生文件夹(D:\EXAM\张三)下的"Word3_5.doc"文件,并参照考生文件夹(D:\EXAM\张三)下的样文"Word3_5 样文.jpg"完成如下操作:

(1)插入艺术字标题"迷人的九寨";式样:第 4 行第 6 列;字体:黑体,字号:36;版式:"四周型"。

(2)第二自然段用"横排文本框"框住、第三自然段用"竖排文本框"框住。

(3)插入两张图片:考生文件夹(D:\EXAM\张三)下的"w_jzg1.jpg""w_jzg2.jpg",并按样文调整大小与位置。

完成以上操作后,以原文件名保存到考生文件夹(D:\EXAM\张三)下。

4. 打开考生文件夹(D:\EXAM\张三)下的"Word4_1.doc"文件:

(1)插入分隔符和页码:在文章的最前面插入分隔符:"分节符类型为'下一页'",将光标定位到文件的第 2 页,插入页码,起始页码为 1。

(2)样式的应用:将文件中图 9 所示的一级目录文字应用标题 1 样式,二级目录文字应用标题 2 样式,三级目录文字应用标题 3 样式。

(3)插入目录:在文档的首部插入如图 10 所示的目录,目录格式为"正式"、显示页码、页码右对齐,显示级别为 3 级,制表前导符为"......"。

目　录

第 10 章 EXCEL XP 的新特性..1

10.1　EXCEL XP 的新界面..1

10.2　EXCEL XP 的新增功能..1

10.2.1　导入数据..2

10.2.2　公式和函数..2

10.2.3　设置工作簿和工作表的格式..3

10.2.4　其他新增功能..4

图 10

完成以上操作后，以原文件名保存到考生文件夹(D：\EXAM\张三)下。

五、Excel 操作题

1. 利用电子表格软件，在考生文件夹(D：\EXAM\张三)打开名为“Excel_销售表 1－6. xls”的工作簿，完成以下操作：

(1)用函数计算出系统当前日期的“年”，填入 D26 中。

(2)用函数计算出系统当前日期的“月”，填入 F26 中。

(3)用函数计算出系统当前日期的“日”，填入 H26 中。

完成以上操作后，将该工作簿保存在考生文件夹(D：\EXAM\张三)下，文件名为：年月日 . xls。

2. 在考生文件夹(D：\EXAM\张三)下，打开工作簿“Excel_销售表 2－4. xls”，对工作表“销售总表”进行以下操作：

(1)利用函数填入折扣数据：所有单价为 1000 元(含 1000 元)以上的折扣为 5%，其余折扣为 3%。

(2)利用公式计算各行折扣后的销售金额(销售金额＝单价 * (1－折扣) * 数量)。

完成以上操作后，将该工作簿保存在考生文件夹(D：\EXAM\张三)下，文件名为：第九销售表 . xls。

3. 在考生文件夹(D：\EXAM\张三)下，打开工作簿“Excel_销售汇总表 3－4. xls”，在当前表中插入图表，显示第 1 季度各门店销售额所占比例，要求如下：

(1)图表类型：分离型三维饼图。

(2)系列产生在“行”。

(3)图表标题：1 季度销售对比图。

(4)数据标志：要求显示类别名称、值、百分比。

完成以上操作后，将该工作簿保存在考生文件夹(D：\EXAM\张三)下，文件名为：第二销售汇总表 . xls。

结果如图 11 所示。

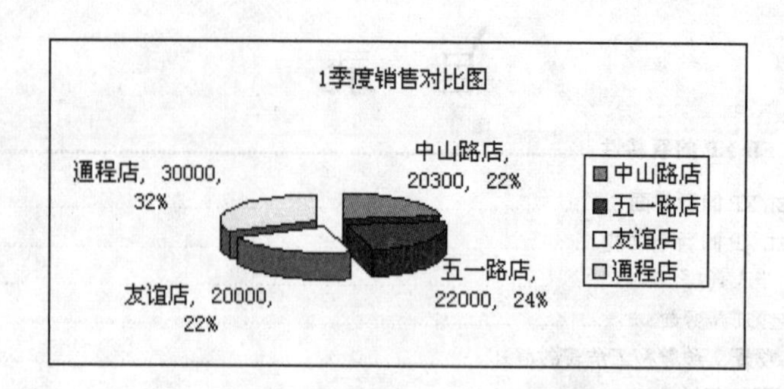

图 11

六、PPT 操作题

打开考生文件夹(D：\EXAM\张三)中的 pp5. ppt 文件，制作包含五张幻灯片的电子课件。制作完成后以“图片欣赏 . ppt”为文件名保存到考生文件夹(D：\EXAM\张三)中。制作要求如下：

(1)在最后一张幻灯片后添加一张新的空白幻灯片，插入考生文件夹(D：\EXAM\张三)中的图片 pp5. jpg 在适当位置。

(2)将第二张幻灯片的幻灯片切换方式设置成为水平百叶窗，速度为中速。

(3)在所有的幻灯片中加上背景：填充效果为单色，自定义颜色模式为 RGB(195，250，145)，底纹样式为水平。

七、IE 操作题

(1)进入百度搜索网站(www. baidu. com)，输入关键字“flashget”的字样。

(2)将 1. 65 版的 flashget 软件以 flashget. exe 为文件名下载到考生文件夹(D：\EXAM\张三)下(下载时可以点击右键，目标另存为)。

(考生单击窗口下方“打开[internet 应用]应用程序”启动 IE)

八、网络设备题

请将下列设备进行正确连接，以使三台电脑能共享 ADSL 上 Internet。

图 12

九、WinRAR 操作题

1. 请使用 WinRAR 管理压缩文件，具体要求如下：

(1)将考生文件夹(D：\EXAM\张三)下的“胡杨林 . jpg”文件添加到考生文件夹(D：\EXAM\张三)下的“新疆 . rar”压缩文件中。

(2)将“新疆风景 . jpg”文件从“新疆 . rar”压缩文件中删除，以原文件名保存在考生文件夹(D：\EXAM\张三)下。

2. 在考生文件夹(D：\EXAM\张三)下进行如下操作：

(1)创建一个压缩文件，包含考生文件夹(D：\EXAM\张三)下的"李白画像.jpg""李白其人.doc"和"李白诗作.doc"三个文件，压缩文件格式设为"RAR"，压缩方式设为"标准"。

(2)压缩文件名设为"李白简介.rar"。

湖南省中等职业学校计算机应用能力考试模拟试题四

(考试素材下载地址：http：//yunpan.cn/cQpan3nGbsnU7，密码：b906)

一、打字题

I do not know what it is to see into the heart of a friend through that "Windows of soul" the eye. 我可以察觉大笑、忧虑及其他很多明显的感情。我从他们面部的感触知道我的朋友，但我不能正确地凭触摸描绘出他们的品格。但我能通过其他方式知道他们的品格，通过他们对我表达的思想，通过他们对我表露的任何行为，但我不曾对他们有更深刻的了解。

二、计算机组装题

图13是一主板侧面接口结构的实物照片，请写出正确的各主板接口名称。

图13

三、WINDOWS 操作题

1. 在考生文件夹(D：\EXAM\张四)下进行如下操作：

(1)删除名为"win2"文件夹。

(2)建立一文本文件，文件内容为：理论合格。

(3)要求保存时文件名为"网考.txt"。

2. 请完成以下操作：

(1)设置网页在历史记录中保存7天。

(2)将C盘卷标修改为：第一硬盘。

四、WORD 操作题

1. 打开考生文件夹(D：\EXAM\张四)下的"Wordz1_4.doc"文件：

(1)将"招聘职位"四个字设为黑体、四号字、加粗。

(2)并将"职位要求""工资薪酬""联系人""联系电话"几个字的格式设为与"招聘职位"四个字相同的格式。

(3)将标题"招聘启事"及最后一行"无限设计空间，释放精彩人生!"设为黑体、三号字、居中对齐。

完成以上操作后，以“招聘启事 . doc” 为文件名保存到考生文件夹(D：\EXAM\张四)下。

2. 在考生文件夹(D：\EXAM\张四)中新建一个 Word 文档：

在文档中绘制如图 14 所示表格，单元格对齐方式为中部居中对齐。

<table>
<tr><td>姓名</td><td>张英俊</td><td>性别</td><td>男</td><td rowspan="5">相片</td></tr>
<tr><td>身份证号</td><td colspan="3"></td></tr>
<tr><td>学历</td><td>大专</td><td>职务</td><td>主任</td></tr>
<tr><td>电话</td><td colspan="3"></td></tr>
<tr><td>名称</td><td colspan="3"></td></tr>
<tr><td>序号</td><td>科目代码</td><td>科目名称</td><td>考试日期</td><td>考试场次</td></tr>
<tr><td></td><td></td><td></td><td></td><td></td></tr>
<tr><td></td><td></td><td></td><td></td><td></td></tr>
</table>

图 14

3. 打开考生文件夹(D：\EXAM\张四)下的“Word4_6. doc”文件：

(1)在文档结尾处插入分页符。

(2)在文档末尾插入考生文件夹(D：\EXAM\张四)下的文件 Word4_6B. doc。

(3)脚注的插入：给文件第 2 段的宇宙添加双下划线，插入脚注，内容为“宇宙：天地万物的总称”。

将文件以原文件名保存。

5. 打开考生文件夹(D：\EXAM\张四)下的“Word3_3. doc”文件：

(1)页面设置为：纸张大小为 16 开、页边距左右各 2 厘米。

(2)全文宋体、四号字，首行缩进 2 字符。

(3)将考生文件夹(D：\EXAM\张四)下的图片“w_mzdgj. jpg”插入到如考生文件夹(D：\EXAM\张四)下的样文“Word3_3 样文 . jpg”所示位置，高度设为 5 厘米、锁定纵横比、环绕方式设为四周型。

完成以上操作后，以原文件名保存到考生文件夹(D：\EXAM\张四)下。

五、EXCEL 操作题

1. 利用电子表格软件，在考生文件夹(D：\EXAM\张四)打开名为“Excel_销售表 1 - 6. xls”的工作簿，完成以下操作：

(1)用函数计算出系统当前日期的“年”，填入 D26 中。

(2)用函数计算出系统当前日期的“月”，填入 F26 中。

(3)用函数计算出系统当前日期的“日”，填入 H26 中。

完成以上操作后，将该工作簿保存在考生文件夹(D：\EXAM\张四)下，文件名为“年月日 . xls”。

2. 在考生文件夹(D：\EXAM\张四)下，打开工作簿“Excel_销售汇总表 3 - 4. xls”，在当前表中插入图表，显示第 1 季度各门店销售额所占比例，要求如下：

(1)图表类型：分离型三维饼图。

(2)系列产生在“行”。

(3)图表标题：1季度销售对比图。

(4)数据标志：要求显示类别名称、值、百分比。

完成以上操作后，将该工作簿保存在考生文件夹(D：\EXAM\张四)下，文件名为：第二销售汇总表.xls。

3. 在考生文件夹(D：\EXAM\张四)下，打开工作簿“Excel_销售表2-4.xls”，对工作表“销售总表”进行以下操作：

(1)利用函数填入折扣数据：所有单价为1000元(含1000元)以上的折扣为5%，其余折扣为3%。

(2)利用公式计算各行折扣后的销售金额(销售金额=单价*(1-折扣)*数量)。

完成以上操作后，将该工作簿保存在考生文件夹(D：\EXAM\张四)下，文件名为“第九销售表.xls”。

六、PPT操作题

1. 打开考生文件夹(D：\EXAM\张四)下的文件“pp2.ppt”，并完成如下操作：

(1)插入一张空白版式幻灯片作为第一张幻灯片，在该幻灯片的右下方插入文本框，输入横排文字：望月怀远(宋体60磅、倾斜)。

(2)在第二张幻灯片中插入考生文件夹(D：\EXAM\张四)下的声音文件“sou2.mid”，要求自动播放。

(3)将所有幻灯片的切换方式设置为：左右向中部收缩(即：左右向中央收缩)。

完成以上操作后，将该文件以原文件名保存在考生文件夹(D：\EXAM\张四)下。

注意：在PowerPoint 2003中，自定义动画均指“进入”时的动画。

七、IE操作题

1. 请进入“中国教育和科研计算机网”，其网址为：www.eduxp.com。

2. 保存该网页到考生文件夹(D：\EXAM\张四)下，文件名为“wangye9.htm”。

(考生单击窗口下方“打开[internet应用]应用程序”启动IE)

八、网络设备题

1. 某台电脑需通过ADSL接入Internet，请正确连线下列图标。

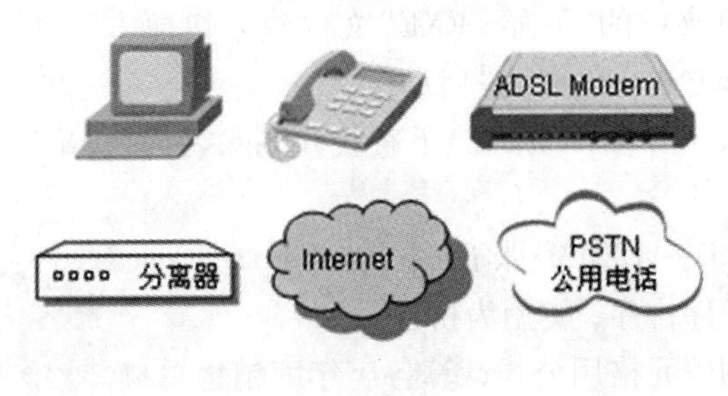

图15

2. 请单击窗口下方的“打开[常用外部设备]应用程序”按钮，完成以下操作：

(1)打印机连接：选择对应的部件，连接对应的位置或接口，点击完成按钮。

(2)安装 Epson 打印机驱动，驱动类型为 Epson 1600K，替换现有驱动，打印机名为 EPSON，设置为默认打印机。

(3)打印测试页：打开桌面上的无忧软件文档，选择打印机名称 ZL Compaq Prineter，属性设置为打印当前页，打印 2 份，点击保存。

九、ACDSee 操作题

1. 请使用 ACDSee 调整图像曝光度，具体要求如下：

打开考生文件夹(D：\EXAM\张四)下的“新疆风光 . jpg”，将曝光值设为 15，对比度设为 10，以原文件名保存在考生文件夹(D：\EXAM\张四)下。

2. 在考生文件夹(D：\EXAM\张四)下进行如下操作：

(1)创建一个压缩文件，包含考生文件夹(D：\EXAM\张四)下的“散文欣赏 . doc”“山泉 . MP3”和“云海 . jpg”三个文件，压缩文件格式设为“RAR”，压缩方式为“标准”。

(2)压缩文件名为“散文欣赏 . rar”。

湖南省中等职业学校计算机应用能力考试模拟试题五

(考试素材下载地址：http：//yunpan. cn/cQpan3nGbsnU7，密码：b906)

一、打字题

Oral composition and 3-minute training method：This method is suitable for intense training. 角色互换：三人一组，模拟翻译实战。一人讲汉语，一人讲英语，扮演老外，一个作翻译。练习一段时间后互换角色。这是一种非常好的翻译训练方法，也是很好的相互学习，取长补短的方法，而且可大大提高反应速度和能力。

二、WINDOWS 操作题

1. 在考生文件夹(D：\EXAM\张五)下进行如下操作：

(1)建立一文件夹，文件夹名为：网考。

(2)在“网考”文件夹下建立一文本文件，文件内容为：祝你成功。

(3)要求保存时文件名为：宣传 . txt。

2. 在考生文件夹(D：\EXAM\张五)下进行如下操作：

(1)为“计算机”文件夹中的“开始 . EXE”文件建立快捷方式并存放在考生文件夹(D：\EXAM\张五)下，其快捷方式文件名为“启动”。

(2)在考生文件夹(D：\EXAM\张五)下查找并删除名为“标准 . PPT”的文件。

三、WORD 操作题

1. 打开考生文件夹(D：\EXAM\张五)下的“Word2_3. doc”文件：

(1)对表中部门按升序排序，类型为拼音。

(2)在合计列对应的单元格用公式计算各店年度销售总额。

(3)设置表格首行高度为固定值 2 厘米。

完成以上操作后，以原文件名保存到考生文件夹(D：\EXAM\张五)下。

2. 打开考生文件夹(D：\EXAM\张五)下的“Wordz1_2. doc”文件：

(1)将文中所有“良好”二字替换为“优秀”。

(2)将“职位要求”所在自然段，分成两栏，加分隔线。

(3)在第一行“招聘启事”前插入符号“★”。

完成以上操作后，以原文件名保存到考生文件夹(D：\EXAM\张五)下。

3. 打开考生文件夹(D：\EXAM\张五)下的“Word4_2. doc”文件：

(1)插入分隔符和页码：在文章的最前面插入分隔符：“分节符类型为‘下一页’”，将光标定位到文件的第2页，插入页码，起始页码为1。

(2)样式的应用：将文件中图16所示的一级目录文字应用标题1样式，二级目录文字应用标题2样式，三级目录文字应用标题3样式。

(3)插入目录：在文档的首部插入如图6所示的目录，目录格式为“优雅”、显示页码、页码右对齐，显示级别为3级，制表前导符为“……”。

目 录

***第13章 文件操作*——————————————1**

13.1 保存文件------------------------------1

13.1.1 第一次保存工作薄------------------------------1

13.1.2 配置文件选项------------------------------3

13.1.3 使用另存为------------------------------3

13.2 打开及关闭文件------------------------------4

13.2.1 打开Excel文件------------------------------4

13.2.2 打开文本文件------------------------------5

13.2.3 关闭文件------------------------------6

图16

完成以上操作后，以原文件名保存到考生文件夹(D：\EXAM\张五)下。

4. 打开考生文件夹(D：\EXAM\张五)下的“Word3_5. doc”文件，并参照考生文件夹(D：\EXAM\张五)下的样文“Word3_5样文 . jpg”完成如下操作：

(1)插入艺术字标题“迷人的九寨”；式样：第4行第6列；字体：黑体，字号：36；版式：“四周型”。

(2)第二自然段用“横排文本框”框住，第三自然段用“竖排文本框”框住。

(3)插入两张图片：考生文件夹(D：\EXAM\张五)下的“w_jzg1. jpg”“w_jzg2. jpg”，并按样文调整大小与位置。

完成以上操作后，以原文件名保存到考生文件夹(D：\EXAM\张五)下。

四、Excel操作题

1. 利用电子表格软件，在考生文件夹(D：\EXAM\张五)打开名为“Excel_销售表1－6. xls”的工作簿，完成以下操作：

(1)用函数计算出系统当前日期的“年”，填入D26中。

(2)用函数计算出系统当前日期的“月”，填入F26中。

(3)用函数计算出系统当前日期的“日”，填入H26中。

完成以上操作后，将该工作簿保存在考生文件夹(D：\EXAM\张五)下，文件名为“年月日.xls”。

2.在考生文件夹(D：\EXAM\张五)下，打开工作簿“Excel_销售汇总表3－4.xls”，在当前表中插入图表，显示第1季度各门店销售额所占比例，要求如下：

(1)图表类型：分离型三维饼图。

(2)系列产生在“行”。

(3)图表标题：1季度销售对比图。

(4)数据标志：要求显示类别名称、值、百分比。

完成以上操作后，将该工作簿保存在考生文件夹(D：\EXAM\张五)下，文件名为“第二销售汇总表.xls”。

3.在考生文件夹(D：\EXAM\张五)下，打开工作簿“Excel_销售表2－3.xls”，进行以下操作：

(1)多表计算：在“销售总表”中利用函数直接计算三位销售代表的销售总金额。

(2)在“销售总表”中利用函数计算总销售金额。

(3)在“销售总表”中，对“销售代表总金额”列中的所有数据设置成“使用千分位分隔符”，并保留1位小数。

完成以上操作后，将该工作簿保存在考生文件夹(D：\EXAM\张五)下，文件名为“第八销售表.xls”。

五、PPT操作题

制作一张幻灯片，效果如图17所示。制作完成后以“生日贺卡.ppt”为文件名保存到考生文件夹(D：\EXAM\张五)中。

制作要求：

(1)将考生文件夹(D：\EXAM\张五)下的pp41.gif、pp42.gif、pp43.gif、pp44.jpg分别插入到幻灯片中，大小位置如图17所示。

图17

(2)在幻灯片中插入艺术字，内容为“祝你生日快乐!”(楷体_GB2312，66号字)，设置自定义动画为：自底部中速飞入。

(3)在幻灯片中插入考生文件夹(D：\EXAM\张五)下的声音文件“生日快乐.wma”，设置为自动播放。

六、IE操作题

(1)请进入“西安邮电学院”网站，其网址为：www.xiyou.edu.cn。

(2)单击“历史”工具按钮，在历史记录中的“搜索”框中输入“程序”，进行相关搜索。

(考生单击窗口下方“打开[internet应用]应用程序”启动IE)。

七、ACDSee操作题

1.请使用ACDSee转换图像格式及调整图像曝光度，具体要求如下：

调整图像曝光度：将考生文件夹(D：\EXAM\张五)下的“美丽海景.jpg”的曝光值设为

21，对比度设为10，以原文件名保存在考生文件夹(D：\EXAM\张五)下。

2. 请使用ACDSee调整图像大小及曝光度，具体要求如下：

(1)调整图像大小：将考生文件夹(D：\EXAM\张五)下的“海景图.jpg”按“原图的百分比”调整为原图的50%，以原文件名保存在考生文件夹(D：\EXAM\张五)下。

(2)调整图像曝光度：将考生文件夹(D：\EXAM\张五)下的“草莓.jpg”的曝光值设为13，对比度设为9，以原文件名保存在考生文件夹(D：\EXAM\张五)下。

八、网络设备题

请单击窗口下方的“打开[常用外部设备]应用程序”按钮，完成以下操作：

1. 打印机连接：选择对应的部件，连接对应的位置或接口，点击完成按钮。

2. 安装Epson打印机驱动：驱动类型为Epson 1600K，替换现有驱动，打印机名为EPSON，设置为默认打印机。

3. 打印测试页：打开桌面上的无忧软件文档，选择打印机名称ZL Compaq Prineter，属性设置为打印当前页，打印2份，点击保存。

湖南省中等职业学校计算机应用能力考试模拟试题六

(考试素材下载地址：http：//yunpan.cn/cQpan3nGbsnU7，密码：b906)

一、打字题

Extensive reading：We must train our ability to scan，skip and read fast. Namely，the ability to

1. 先从头至尾不间断地通读课文以抓住课文大意。不要在单个词或单句上浪费太多时间。

2. 阅读时计时。

3. 阅读时用手指或笔尖指向文章字句并快速移动来迫使我们的眼睛快速随手指的笔尖移动来强化我们的阅读速度。

二、计算机组装题

图18是一主板实物图，请写出正确的电脑部件名称。

三、WINDOWS操作题

1. 在考生文件夹(D：\EXAM\张六)下进行如下操作：

(1)删除名为“win2”文件夹。

(2)建立一文本文件，文件内容为：理论合格。

(3)要求保存时文件名为“网考.txt”。

2. 请完成以下操作：

(1)将本机的IP地址写入考生文件夹(D：\EXAM\张六)下名为“网络地址.txt”的文件中(若本机没有设置IP地址，则在该文件中输入“无”)。

(2)将“http：//www.htcce.com”设置为IE的主页。

四、WORD操作题

1. 打开考生文件夹(D：\EXAM\张六)下的“Wordz1_4.doc”文件：

(1)将“招聘职位”四个字设为黑体、四号字、加粗。

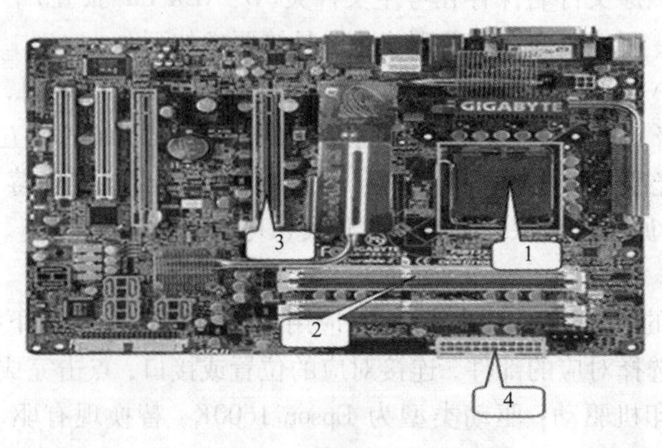

图 18

(2)将“职位要求”“工资薪酬”“联系人”“联系电话”几个字的格式设为与“招聘职位”四个字相同的格式。

(3)将标题“招聘启事”及最后一行“无限设计空间，释放精彩人生!”设为黑体、三号字、居中对齐。

完成以上操作后，以“招聘启事 . doc” 为文件名保存到考生文件夹(D：\EXAM\张六)下。

2. 打开考生文件夹(D：\EXAM\张六)下的“Word2_8. doc”文件：

(1)将表格转换成文本，文字分隔符为“逗号”。

(2)在文档末尾插入一个三行四列表格。

(3)将表格第一行的底纹设置为“灰色 -20%”。

完成以上操作后，以原文件名保存到考生文件夹(D：\EXAM\张六)下。

3. 打开考生文件夹(D：\EXAM\张六)下的“Word3_2. doc”文件，并参照考生文件夹(D：\EXAM\张六)下的样文“Word3_2 样文 . jpg”完成如下操作：

(1)插入图片：将考生文件夹(D：\EXAM\张六)下的图片“w_yls. jpg”插入到样文所示的位置，并将其环绕方式设为：四周型，大小设为：高度 5 厘米，锁定纵横比。

(2)在样文所示的位置插入“自选图形/星与旗帜”中的第四行第四列的旗帜图形。

(3)在旗帜图形中添加文字“岳麓山景区”。

完成以上操作后，以原文件名保存到考生文件夹(D：\EXAM\张六)下。

五、EXCEL 操作题

1. 利用电子表格软件，在考生文件夹(D：\EXAM\张六)打开名为“Excel_销售表 1 - 6. xls”的工作簿，完成以下操作：

(1)用函数计算出系统当前日期的“年”，填入 D26 中。

(2)用函数计算出系统当前日期的“月”，填入 F26 中。

(3)用函数计算出系统当前日期的“日”，填入 H26 中。

完成以上操作后，将该工作簿保存在考生文件夹(D：\EXAM\张六)下，文件名为“年月日 . xls”。

2. 在考生文件夹(D：\EXAM\张六)下，打开工作簿“Excel_销售表 2 - 3. xls”，进行以下操作：

（1）多表计算：在“销售总表”中利用函数直接计算三位销售代表的销售总金额。

（2）在“销售总表”中利用函数计算总销售金额。

（3）在“销售总表”中，对“销售代表总金额”列中的所有数据设置成“使用千分位分隔符”，并保留 1 位小数。

完成以上操作后，将该工作簿保存在考生文件夹（D：\EXAM\张六）下，文件名为“第八销售表 . xls”。

3. 在考生文件夹（D：\EXAM\张六）下，打开工作簿“Excel_销售汇总表 3 –4. xls”，在当前表中插入图表，显示第 1 季度各门店销售额所占比例，要求如下：

（1）图表类型：分离型三维饼图。

（2）系列产生在“行”。

（3）图表标题：1 季度销售对比图。

（4）数据标志：要求显示类别名称、值、百分比。

完成以上操作后，将该工作簿保存在考生文件夹（D：\EXAM\张六）下，文件名为“第二销售汇总表 . xls”。

结果如图 19 所示。

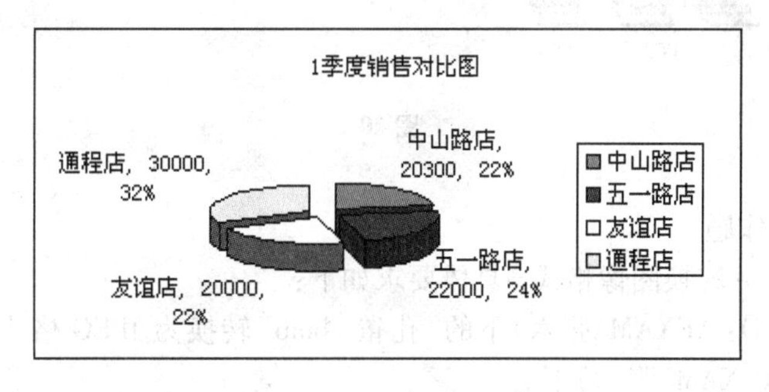

图 19

六、PPT 操作题

打开考生文件夹（D：\EXAM\张六）中 pp13. ppt 文件，效果如考生文件夹（D：\EXAM\张六）下的图 pp13. jpg 所示。制作完成后以“城市 . ppt” 为文件名保存到考生文件夹（D：\EXAM\张六）中。

制作要求：

（1）在第 1、2、3 张幻灯片上分别加一文本框，分别加上“城市风景 1”“城市风景 2”“城市风景 3”，字体为楷体_GB2312，字号为 36，红色。

（2）在第一和第二张中添加自选图形按钮，按钮动作为“下一项”。

（3）在第三张中添加两个自选图形按钮，按钮动作为“上一项”和“后退”。

七、IE 操作题

（1）请进入“西安邮电学院”网站，其网址为：www. xiyou. edu. cn。

（2）单击“历史”工具按钮，在历史记录中的“搜索”框中输入“程序”，进行相关搜索。

（考生单击窗口下方“打开[internet 应用]应用程序”启动 IE）。

八、网络设备题

图 20 是三台 PC 机共享 ADSL 上 Internet 的连接图，其 IP 地址范围为 192. 168. 1. 2 ~ 192. 168. 1. 4，请为其配置各项地址。

PC1 IP 地址：______。

PC2 IP 地址：______。

PC3 IP 地址：______。

子网掩码：______。

默认网关：______。

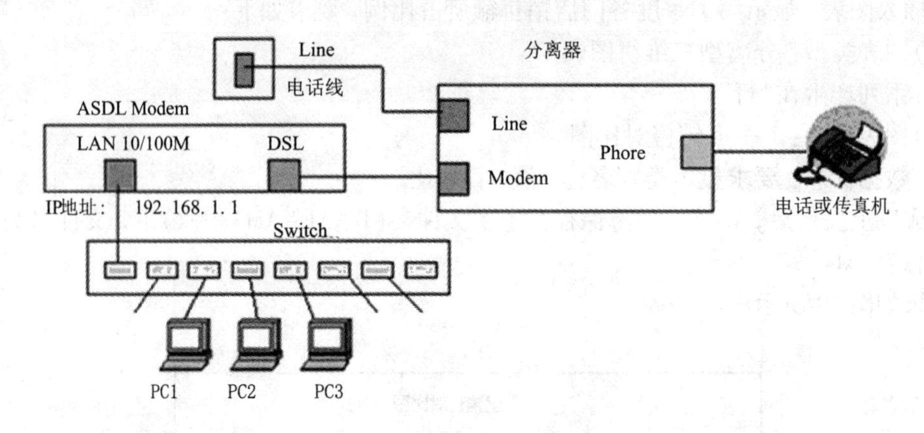

图 20

九、ACDSee 操作题

1. 请使用 ACDsee 转换图像格式，具体要求如下：

将考生文件夹(D：\EXAM\张六)下的“孔雀 . bmp”转换为 JPEG 格式，以原文件名保存在考生文件夹(D：\EXAM\张六)下。

2. 请使用 ACDSee 调整图像大小，具体要求如下：

(1)调整图像大小：打开考生文件夹(D：\EXAM\张六)下的图片“宁静的校园 . jpg”，将其宽度调整为 200 像素，保持原始的纵横比，以原文件名保存在考生文件夹(D：\EXAM\张六)下。

(2)转换图像格式：将考生文件夹(D：\EXAM\张六)下的“油菜花 . bmp”转换成 GIF 格式，以原文件名保存在考生文件夹(D：\EXAM\张六)下。

参考文献

[1] 谢胜中. 计算机应用上机指导. 新邵职业中专校本教材
[2] 赵志伟, 唐万学. 计算机应用基础. 南京: 南开大学出版社,2010
[3] 黄国兴, 周南岳. 计算机应用基础. 北京: 高等教育出版社,2014
[4] 傅连仲, 武马群. 计算机应用基础实训(职业模块). 北京: 电子工业出版社, 2014
[5] 李畅, 张颖. 计算机应用基础. 北京: 高等教育出版社,2009

图书在版编目(CIP)数据

计算机应用基础上机指导与练习/汤艳慧主编.
—长沙:中南大学出版社,2015.7
ISBN 978-7-5487-1757-7

Ⅰ.计... Ⅱ.汤... Ⅲ.电子计算机-中等专业学校-教学参考资料 Ⅳ.TP3

中国版本图书馆CIP数据核字(2015)第173091号

计算机应用基础上机指导与练习

汤艳慧 主编

□**责任编辑** 胡小锋
□**责任印制** 易红卫
□**出版发行** 中南大学出版社
社址:长沙市麓山南路 邮编:410083
发行科电话:0731-88876770 传真:0731-88710482
□**印 装** 湖南地图制印有限责任公司

□**开 本** 787×1092 1/16 □**印张** 12 □**字数** 294千字
□**版 次** 2015年8月第1版 □**印次** 2015年8月第1次印刷
□**书 号** ISBN 978-7-5487-1757-7
□**定 价** 27.00元